Urte Biallas

JUNGPFERDE selbst ausbilden

Schritt für Schritt
zum sicheren Freizeitpferd

Müller Rüschlikon

Einbandgestaltung: R2 I Ravenstein, Verden

Titelfoto: Peter Buchwald
Cover hinten: Peter Buchwald oben, Miriam Carbon unten
Bildnachweis innen: siehe Seite 3

ISBN 978-3-275-02096-6

Postfach 103743, 70032 Stuttgart
Ein Unternehmen der Paul Pietsch Verlage GmbH & Co. KG

4. Auflage 2023

Sie finden uns im Internet unter www.mueller-rueschlikon-verlag.de

Lektorat: Claudia König
Innengestaltung: Kerstin Diacont
Druck und Bindung: PBtisk a.s. Pribram
Printed in Czech Republic

Bildnachweis:
Cathrin Bertsch: S. 95 li, 102 li oben, 123, 142, 146 re
Peter Buchwald: S. 10, S. 19, 22, 23, 24, 29, 44, 45, 47, 48, S. 54 re, 57, 58, 59, 60, 61, 62, 64, 65, 66, 67, 73, 78, 83, 88 oben re, 93, 95 re, 98, 99, 100,101, 102 re oben+unten, 104 oben+mitte, 107, 108, 109 oben, 111 oben li, 113, 115 oben li, 116, 117, 118, 120, 124 li oben+mitte, 132, 133, 134 li, 136, 137, 138, 140, 143, 149, 151, 152, 155 unten, 156, 158, 159 unten, 160, 163, 165, 166, 167, 169, 170, 171, 180, 184, 188 oben
Miriam Carbon: S. 8, S. 16 li, 18 re, 127 oben, 134 re oben+unten, 189, 192
Patricia Christoph: S. 144 re
Susanne Decker: S. 90, 122, 148
André Fuchs: S. 79, 81, 92 re, 94, 127 unten, 128, 131 rechte Reihe, 176, 177
Eva Lena von Gaggern: S. 6, 18 li, 20, 104 unten, 109 unten, 125
Archiv Barbara Heilmeyer: S. 188 unten
Christin Heinig: S. 53
Daniela Hirschburger; S. 141
Christoph Hisserich: S. 173 mitte+unten, 175 oben+unten
Manuela Krimmer: S. 3, 150
Holger Lange: S. 159 oben, 174
Yvonne Regler: S. 12, 36, 46, 84 re, 135, 173 oben, 175 mitte
Nadine Schneider: S. 26, 50, 55, 76, 89 re, 124 unten
Oliver Seitz: S. 16 re, 17
Richard Steinhilber: S. 87 li, 129, 130 re unten
Peter Wiesenfarth: S. 72 oben
Alle übrigen Fotos: Archiv Urte Biallas

Inhalt

Einleitung

Ich wünsche mir ein Jungpferd

Ein Pferdekind aufwachsen zu sehen, seine Entwicklung zu verfolgen und zu fördern, Freundschaft mit ihm zu schließen und es vorzubereiten auf ein abwechslungsreiches und möglichst glückliches Leben als pferdiger Freizeitpartner für viele Jahre kann eines der schönsten und erfüllendsten Erlebnisse für einen Reiter sein.

Ob es ein Absatzfohlen wird oder ein noch rohes oder kaum ausgebildetes Jungpferd, hängt von den Gegebenheiten und Möglichkeiten für die Haltung und Aufzucht und von den reiterlichen Zielen ab. Habe ich noch ein Reitpferd zur Verfügung oder ist mir Reiten erstmal nicht so wichtig, kann ein Fohlen oder Jährling eine gute Wahl sein. So kann man von Anfang an Einfluss auf eine möglichst optimale Aufzucht und altersgerechte Erziehung nehmen. Wer es jedoch kaum abwarten kann, mit der Basisausbildung zum Reitpferd anzufangen, ist mit einem mindestens dreijährigen Jungpferd besser bedient.

Kann ich mein Jungpferd selbst ausbilden?

Die Ausbildung eines jungen Pferdes ist in vielen Punkten schwieriger und anspruchsvoller als die Arbeit mit einem fortgeschrittenen Pferd.

Die vielen »ersten Male« in der Erziehung und Ausbildung eines Jungpferdes sind prägend, denn diese Erfahrungen stellen die Weichen für sein weiteres Leben. Erlebt das Jungpferd den Umgang mit dem Menschen als angenehm und positiv und wird von einem kompetenten, erfahrenen Reiter solide vorbereitet und einfühlsam angeritten, hat es gute Voraussetzungen für ein zufriedenes Leben als Reitpferd. Solch ein Pferd arbeitet in der Regel motiviert mit und erledigt seine Aufgaben in harmonischem Teamwork mit dem Menschen.

Die Anmut eines jungen Pferdes

»Hüten wir uns sehr,
das junge Pferd zu verdrießen
und seine Anmut zu ersticken,
denn diese gleicht
dem Duft der Blüten, der,
wenn er einmal verflogen ist,
niemals wiederkehrt!«

Antoine de Pluvinel
(1555–1620)

Erlebt das Jungpferd den Umgang mit dem Menschen als angenehm und positiv, wird es zum verlässlichen Partner.

Erfährt ein Jungpferd jedoch einen schlechten Einstieg in seine Aufgaben, wird es häufig Schwierigkeiten im Umgang und beim Reiten haben und sich unglücklich, unverstanden und gestresst fühlen. Das Pferd, dem die Grundlagen der Ausbildung und das Vertrauen in den Menschen fehlen, wehrt sich und gilt schnell als »schwierig«. Ein solches »Problempferd« wird in der Folge oft zum Wanderpokal und erleidet eine Menge »Korrekturversuche«, bis es psychisch oder physisch krank und im Extremfall schließlich unreitbar wird.

Vor dem Kauf eines Jungpferdes steht die entscheidende Frage: »Traue ich mir diese anspruchsvolle Aufgabe zu?«

In Kapitel 1 dieses Buches möchte ich Ihnen eine Entscheidungshilfe dafür geben.
Dieses Buch ist aus vielen Jahren Praxis entstanden – für die Praxis! Ich möchte Ihnen Mut machen, den schönen und lohnenden Weg der Jungpferdeausbildung selbst zu wagen. Vielleicht haben Sie in manchen Bereichen nicht so viel

Freude bei der Arbeit

»Ein Pferd auszubilden bedeutet nicht nur, dass man es zum Grundgehorsam erzieht, wie viele es meinen. Genauso wichtig ist es, dass das Pferd mit Freude macht, was man von ihm verlangt.«

Nuño Oliveira

Können wie ein Pferdeprofi, dafür können Sie sich alle Zeit der Welt nehmen und zum Spezialisten für Ihr eigenes Pferd werden.

In der Pferdeausbildung geschehen nur selten Wunder – Geduld und freundliche Konsequenz ergeben jedoch wunderbare Fortschritte. Und falls es an einer Stelle nicht wie gewünscht weitergeht, können Sie sich jederzeit Unterstützung von einem kompetenten Pferdemenschen holen.
Ich möchte Ihnen im diesem Buch Wege zeigen und Mut machen, mittels systematischer, vielseitiger Basisarbeit die Risiken und Gefahren bei der Ausbildung eines Jungpferdes zu reduzieren. Ein liebevoll und gründlich vorbereitetes Pferd kann ohne unnötigen Stress in seine Aufgaben hineinwachsen und vertrauensvoll zu Ihrem neuen Reitpartner für viele schöne Jahre werden.

Folgen Sie Ihrem Herz,
Ihre Urte Biallas

Voraussetzungen

Voraussetzungen beim Reiter – der ideale Ausbilder

Viele Jahre gingen Sie gemeinsam durch dick und dünn und teilten mit dem vertrauten pferdigen Freund schöne und schwierige Erlebnisse. Sie sind oder waren ein eingespieltes Team. Nun wird Ihr bester Kumpel langsam alt, ist gesundheitlich angeschlagen oder musste bereits die Reise in den Pferdehimmel antreten und Sie denken über Ihre reiterliche Zukunft nach. Es wird Zeit für ein Nachwuchspferd! Vielleicht ein junges Pferd von Anfang an liebevoll, konsequent und sinnvoll aufbauend selbst ausbilden?

Ich habe schon öfter Menschen erlebt, die nach den »erfolgreichen« Jahren oder gar Jahrzehnten, in denen mit ihrem vertrauten Pferd(en) alles bestens lief, eine Riesenportion reiterliches Selbstbewusstsein entwickelt hatten. Man denkt, man »kann« wirklich Pferde erziehen und reiten. »Das alte Verlasspferd hatte sich schließlich vor 20 Jahren auch immer erschrocken im Gelände und ich bin nie runtergefallen.«

Ein Jungpferd verändert fast alles!

Vermutlich werden Sie an Grenzen Ihres Könnens und Wissens stoßen und sie hoffentlich erweitern können. Ganz sicher werden Sie viel lernen und sehr wahrscheinlich eine Menge Freude daran haben.

Die Vorteile, ein Pferd selbst anzureiten:

- Ein rohes Jungpferd ist im Kauf günstiger, man kann sich für den gleichen Preis ein qualitativ »besseres« Pferd leisten und hat bei heimischen Rassen, besonders bei Absatzfohlen und Jährlingen, viel mehr Auswahl als bei »fertig« ausgebildeten Pferden.
- Das Jungpferd kann während der Ausbildung zuhause in vertrauer Umgebung bleiben.
- Beritt bedeutet hohe Kosten und die Pferde werden nicht immer nach eigenen Vorstellungen behandelt und ausgebildet. Ich wähle Umgang und Lernmethoden nach meinen eigenen Kriterien, das Pferd wird nicht »verdorben«.
- Das Pferd und man selbst bekommen soviel Zeit wie nötig ist, um etwas zu lernen. Man kann in Ruhe mit dem Pferd zusammenwachsen.
- Man lernt sehr viel dazu und ist gezwungen, sich auf neue Strategien einzulassen und sein Fachwissen zu erweitern.
- Freude an den Fortschritten! Gerade am Anfang sieht man meistens schnell viele Verbesserungen.

Mögliche Nachteile:

- Es könnte schiefgehen! Die Korrektur einmal erlernter Fehler ist oft schwierig, langwierig und teuer.
- Es ist nicht zu leugnen, ein Jungpferd bedeutet eine größere Unfallgefahr!
- Im Gegensatz zum bereits gerittenen Pferd merkt man evtl. erst im Lauf der Zeit, dass das Pferd vom Charakter, Temperament, den körperlichen Voraussetzungen oder der gewünschten Eignung für eine bestimmte Disziplin nicht zu einem passt.
  Dann steht man vor der schweren Entscheidung: Passe ich meine Ansprüche an das Vermögen des Pferdes an oder verkaufe ich es mit möglicherweise ungewissem Schicksal weiter?
- Es fordert viel Energie und Durchhaltevermögen! Habe ich wirklich langfristig die nötige Geduld, Zeit und Disziplin für eine vielseitige, seriöse Grundausbildung?
  Bin ich bereit, flexibel auf das individuelle Lerntempo und die Gegebenheiten des Pferdes einzugehen?
  Bis zum ersehnten ersten Wanderritt oder Prüfungsstart kann es länger dauern, wenn man kein Profi ist, alles in Ruhe macht und vielleicht nicht alles auf Anhieb klappt, zuwenig Zeit für planmäßiges Training ist usw.

Sattelfestigkeit ist eine wesentliche Voraussetzung für die Jungpferdeausbildung.

Checkliste:

Bin ich bereit für ein junges, unausgebildetes oder wenig ausgebildetes Pferd?

Habe ich die nötige Erfahrung und das Fachwissen? Nicht nur beim Reiten, sondern auch in der Erziehung und im Umgang, bei der Ausbildung am Boden? Habe ich nicht nur »fertige« Pferde geritten, schon einmal einem anderen Reiter bei der Ausbildung geholfen etc.? Kenne ich die besonderen Eigenschaften dieser Art/Rasse des Pferdes und kann damit umgehen?

Gehen Sie in sich, hinterfragen Sie wohlwollend-kritisch Ihr eigenes Können und sprechen Sie mit Reiterfreunden über ihre objektive Einschätzung.

Wie steht es um meine körperliche Fitness? Habe ich ein gewisses Maß an Beweglichkeit, kann ich locker sitzen und ein paar Buckler mitgehen, bei Bedarf schnell abspringen ...? Souveränität, Erfahrung, innere Ruhe und Geduld können kleinere körperliche Defizite aufwiegen. Habe ich ein jungpferdetaugliches Körpergewicht? Falls nicht kann es eine Option sein, eine gut sitzende (jüngere?) sportliche Reiterin (oder einen Reiter) zu fragen, ob sie/er unter Ihrer Anleitung die ersten Reitversuche starten möchte.

Habe ich wirklich langfristig genug Zeit und Energie übrig? Und die nötige Disziplin auch in Durststrecken und bei Schneeregen regelmäßig nach Plan weiterzuüben?

Durchhaltevermögen – auch unter widrigen Bedingungen – ist gefragt.

Besitzen Sie die wichtigsten Eigenschaften eines jeden Pferdemenschen?

Haben Sie gelernt,

- konzentriert im Hier und Jetzt zu arbeiten und sich nicht durch äußere Einflüsse ablenken zu lassen (mit jeder Faser Ihres Körpers ganz bei Ihrem Pferd zu sein)?
- dem Pferd Ihre Wünsche geduldig, freundlich, aber konsequent klarzumachen?
- einfühlsam (achtsam) auf Ihr Pferd und sein Befinden einzugehen (Aufmerksamkeit für kleine Anzeichen, um Verhaltensweisen möglichst schon voraussehen zu können, um agieren zu können und nicht nur reagieren zu müssen)?
- freudig (begeistert), positiv denkend zum richtigen Zeitpunkt zu loben?
- »einen Plan zu haben«, also Bilder und Ziele, von dem, was Sie erreichen möchten vor Augen zu haben?
- Ihre Körpersprache bewusst einzusetzen
- deutliche Stimmkommandos zu geben (statt Dauerberieselung fürs Pferd)?
- bereit zu sein, laufend aus eigenen Erlebnissen und durch Unterricht weiter dazuzulernen?

Besitzen Sie

- eine (fast) unendliche Geduld und viel Durchhaltevermögen?
- genügend Mut, eigene Grenzen auszudehnen (nicht Leichtsinn!)?
- Selbstdisziplin und Selbstbeherrschung?

Nobody is perfect!

Nein, sagen Sie jetzt bestimmt, dieser ideale Ausbilder bin ich nicht. Und das ist auch gar nicht schlimm. Wer kann (und will) schon so ein fehlerloser Übermensch sein?! Ein gewisses Maß dieses

Freude an der Arbeit und positives Denken.

Könnens und der beschriebenen Eigenschaften, dazu viel guter Wille und Motivation – damit können Sie die Aufgabe »Jungpferd ausbilden« getrost anpacken!

Eins ist sicher: Auf dem Weg dorthin verbessern Sie sich garantiert! Die besten Lehrmeister dabei sind – kein Wunder – die Pferde selbst! Ich empfehle »mit den Augen stehlen«, zuschauen bei Kursen und der Arbeit von guten und weniger guten Pferdemenschen, eine Pferdeherde auf der Weide beobachten und – das Wichtigste überhaupt: Die eigene Arbeit, gelungene und schiefgegangene Situationen, im Nachhinein zu reflektieren und zu analysieren.

Sie sind nicht allein ...

Definieren Sie Ziele und Meilensteine der Ausbildung. In welchen Punkten fühle ich mich sicher? Nur am Boden? Beim Longieren? Spazierengehen, im Gelände reiten? Erstes Aufsitzen? Dressurmäßige Grundausbildung? Bei bekannten Defiziten könnten Sie einen Kurs besuchen oder eine kompetente Person um Hilfe bitten.

Ein solches Konzept könnte zum Beispiel so aussehen: Die Erziehung und Grundausbildung am Boden selbst in die Hand zu nehmen, vorher noch einen Kurs in gymnastizierendem Longieren mit Kappzaum zu besuchen, für die ersten Male Aufsitzen und Reiten eine sportliche junge Reiterin zu fragen, selbst die reiterliche Grundausbildung zu übernehmen und sich dabei immer wieder von einem Reitlehrer korrigieren zu lassen und für das Spezialtraining in der gewünschten Disziplin einen Trainer zu beauftragen.

Wie finde ich nun den passenden Ausbilder für mein Pferd? Natürlich sind die Reitweise und die Ausbildungsmethode wichtig – entscheidend für mich ist jedoch die gleiche Einstellung der Trainerin oder der Trainers zum fühlenden Wesen Pferd! Ganz besonders, wenn man sein Pferd jemandem unbeobachtet in Ausbildung gibt, sollten Vertrauen und die gleiche Wellenlänge vorhanden sein.

Infrastruktur

Ist eine geeignete Infrastruktur vorhanden? Habe ich zu den für mich passenden Zeiten die Möglichkeit, eine Halle oder einen Reitplatz zu nutzen? Falls nicht, käme ein (evtl. auch temporärer) Stallwechsel infrage? Gibt es zuverlässige, kompetente Helfer mit genügend Zeit in meinem Umfeld? Gibt es einen passenden Trainer oder Reitlehrer, der mich unterstützen kann? Steht ein ruhiges, erfahrenes Pferd als gutes Beispiel und Begleitung zur Verfügung?

»Rohes« Pferd versus ausgebildetes Pferd

»Warum möchte ich ein Jungpferd und kein »fertig« ausgebildetes Pferd?«

Viele bereits ausgebildeten Pferde bringen »Altlasten« mit, mit denen sie (und man selbst als Reiter) lange, zum Teil lebenslang, zu kämpfen haben. Meine Stute Sída zum Beispiel ist ein ängstliches, traumatisiertes Importpferd aus Island, das viele Jahre unter den Folgen der rüden »Zähmung und Ausbildung« dort litt. Selbst nach über 20 Jahren bei mir gibt es noch ab und zu Situationen, vor allem mit fremden Menschen, in denen die alte Panik plötzlich und erschreckend heftig wieder hochkommt.

Die Erlebnisse mit Sída weckten in mir den Wunsch, wenigstens einem »Wildpferd« bei der

Nachwuchspony Lavena.

Das Traumpferd für viele: ein edler Araber.

Zähmung und Ausbildung so eine Tortur zu ersparen. So entschied ich mich als Nachwuchspferd für ein zweijähriges »wild« aufgewachsenes Exmoorpony aus einem Naturpark. Nicht zuletzt reizte mich natürlich die Aufgabe!

Mein Exmoorpony Lavena spielt also in diesem Buch eine große Rolle. Alles, was ich hier beschreibe, erkläre und zeige, habe ich selbst mit ihr und einer ganzen Reihe anderer Pferde ausprobiert, geübt und für nützlich befunden.

Das passende Jungpferd finden

Ein rohes Jungpferd ist wie ein Überraschungsei. Man weiß nie, was man bekommt. Passen sein Charakter und sein Temperament zu mir? Kann ich ihm die richtige Haltung und das passende Umfeld bieten? Finde ich ein bequemes Sitzgefühl und angenehme Gänge? Ist es genügend begabt für meine reiterlichen Ziele?

Manche dieser Fragen kann man durch die Wahl einer Rasse, die auf die entsprechenden Eigenschaften gezüchtet wurde, ziemlich wahrscheinlich mit »ja« beantworten. Zuallererst ist jedes Pferd jedoch ein Individuum, ein einzigartiges Wesen mit ganz eigenem Charakter. Viele seiner speziellen Eigenschaften zeigt es erst im Umgang und im Laufe der Ausbildung. Darauf sollte man sich einlassen, um ein harmonisches Miteinander zu finden.

Sind Ihre reiterlichen Ziele sehr klar definiert und unumstößlich (so etwas wie »in zwei Jahren

Da wäre eine Distanzkarriere drin. Das reiterliche Können sollte jedoch zu Temperament und Reaktionsgeschwindigkeit eines solchen Wüstenrenners passen!

möchte ich L-Dressur reiten und in fünf Jahren Grand Prix« oder » ich möchte erfolgreich an Tölt-Distanzritten teilnehmen«), sollten Sie sich lieber für ein unter dem Sattel bereits gut ausgebildetes Pferd entscheiden.

Haben Sie »Wünsche« und »Träume« und sind neugierig und voll freudiger Erwartung, wie weit sie mit Ihrem mit Herz und Verstand ausgewählten Pferdefreund in Erfüllung gehen werden, kann der gemeinsame Weg ein wunderbares Ziel sein.

Wunsch und Realität abgleichen

Wie aber entscheidet man sich für das wirklich passende Jungpferd?

Am besten, Sie machen sich eine Liste, in der Sie Ihre Anforderungen und Wünsche aufschreiben. Wo sehen Sie sich mit Ihrem Pferd reiterlich in 5 oder 10 Jahren? Was ist Ihnen besonders wichtig im Umgang? Pferde welcher Rassen haben oft die gewünschten Eigenschaften? Kann ich ein Pferd mit hohem Bewegungsbedarf dauerhaft auslasten? Ein paar Auswahlkriterien ohne Anspruch auf Vollständigkeit: Nord- oder Südpferd, ruhiges oder übersprudelndes Temperament, Eignung für eine bestimmte Reitweise, Springtalent, Distanztyp oder Töltveranlagung, angenehme Größe, Nervenstärke, eher ruhig-stoisch oder hochsensibel, Gewichtsträger usw.

Habe ich in erreichbarer Nähe die passende Haltungsmöglichkeit mit genügend freier Bewegung, Außenreizen, Sozialkontakten (und langfristig

Ein Lipizzaner mit Talent für klassische Dressur?

Oder lieber ein robustes Pony für Gelände- und Wanderreiten?

bezahlbar für mich)? Besonders bei einem eigenen Stall mit Herdenhaltung sollte der Pferdetyp vom Charakter und Futterbedarf möglichst zu den vorhandenen Pferden passen. Als Beispiel: Ein Vollblüter in der Isländerherde fühlt sich unter den Robusten selten wohl und bekommt bei den knapp gehaltenen Ponys wahrscheinlich nicht genügend Raufutter.

Falls möglich, schauen Sie die Eltern und/oder Geschwister Ihres Wunschkandidaten an und sprechen Sie mit ihren Besitzern. Vielleicht dürfen Sie sogar probereiten.

Wählen Sie ein »normales« Pferd aus solider Aufzucht in der Herde mit viel Bewegung, das gut sozialisiert ist. Es bringt damit schon gute Voraussetzungen für ein langes, gesundes Pferdeleben mit problemloser Integration in eine neue Herde mit.

Finger weg von Problempferden!

Auch wenn es noch so reizt: Ja, sie sind günstig (oder sogar geschenkt), man tut ein gutes Werk (rettet das Pferd vor dem Schlachter oder dem ewigen Weiterverkauf in zweifelhafte Hände) und kann sich im Erfolgsfall selbst als »Könner« profilieren. Ich kann nur raten: Tun Sie es nicht, wenn schon jemand anders erfolglos probiert hat das Pferd anzureiten und Unarten wie Steigen, Bocken, Schlagen vorhanden sind. Abzuraten ist auch von extrem ängstlichen Pferden, die zu unkontrollierbaren Panikreaktionen neigen, respektlosen, unsozialisierten Handaufzuchten, aggressiven Pferden mit Misshandlungserfahrungen etc. Solch ein Pferd auszubilden erfordert sehr, sehr viel Können, Zeit und Mut und ist immer eine Gefahr für die eigene Gesundheit. Wollen Sie das wirklich riskieren? Würde es Ihnen wirklich nichts ausmachen, nach Jahren hingebungsvoller, zeitaufwändiger Ausbildung immer noch in der Korrektur und Grunderziehung festzuhängen, statt längst unbeschwert ausreiten zu gehen?

Höre auf dein Herz

Bei aller Vernunft – Pferdekauf bei Freizeitreitern bedeutet in der Regel, sich für einen Freund im Idealfall für die nächsten Jahrzehnte zu entscheiden. Haben Sie eine »vernünftige« Vorauswahl nach Ihren Wunschkriterien getroffen, dürfen Sie ruhig Ihr Herz sprechen lassen. Sei es die berühmte »Liebe auf den ersten Blick«, ein gutes Bauchgefühl oder einfach Sympathie. Und ein ansprechendes Äußeres ist auch wichtig! Geht mein Herz auf beim Anblick eines langhaarigen Strubbels mit Wallemähne, hat es das Reitpony mit gefühlten drei Schopfhärchen von vorneherein viel schwerer. Mag ich hochbeinige, leichtfüßige Pferde, ist ein puschelfüßiger Tinker die falsche Wahl.

Klar gilt der altbekannte Spruch noch immer: Ein gutes Pferd hat keine Farbe. Trotzdem hilft es sehr, die unvermeidlichen Durststrecken in der Ausbildung zu überwinden, wenn man das Pferd charakterlich mag und es einem in der Traumfarbe lackschwarz oder lustig gescheckt optisch einfach gut gefällt.

Lavena sucht sich ihren Menschen aus – der Beginn unseres gemeinsamen Weges.

Grundausbildung des Jungpferdes

Grunderziehung – (eigentlich) das Fohlen-ABC

Im Idealfall lernt schon das Fohlen in Begleitung seiner Mutter in kurzen Einheiten, sich ein Halfter anziehen und führen zu lassen, Hufe zu geben und sich entspannt am ganzen Körper berühren und putzen zu lassen. Doch nicht jeder Zuchtbetrieb nimmt sich die Zeit, seine Fohlen freundlich und geduldig an den Umgang mit Menschen zu gewöhnen. »Freie« Aufzuchten bei Importpferden aus Ländern mit großen Flächen wie Südamerika, Irland, Island, Spanien, deutsch gezogene Robustpferde wie Isländer und Norweger und Ponys aus landschaftspflegerischen Beweidungsprojekten wie Dülmener und Exmoor-Ponys haben oft nur wenige und leider manchmal beim »Zähmen« im Schnellverfahren auch negative und stressvolle Erfahrungen mit Menschen gemacht.

Mein Exmoorpony Lavena – wie alles begann

Da grast sie nun friedlich auf unserer Weide und mir kommt mein geliebter Hesse in den Sinn: »... und jedem Anfang wohnt ein Zauber inne, der uns beschützt und der uns hilft zu leben ...«. Mein neues Pferd, eine Exmoor-Ponystute, zwei Jahre alt, ganz frisch und »wild« aus einer freien Aufzucht im Naturpark Solling-Vogler.

Mein großer Wunsch ist, einmal von vorne zu beginnen, ohne ein ganzes Ponyleben lang von den Traumata der Vorgeschichte verfolgt zu werden. Ein Jungpferd, das voller Zuversicht in die Welt blickt, nicht zu enttäuschen, sondern ihm diese Welt langsam zu erschließen und es dabei zu einem vertrauensvollen Freizeitkumpel aufzubauen, der mit mir durch dick und dünn geht. Ob es wohl gelingen wird?

Fangen wir also in Ruhe ganz von vorne an:

Scheue Pferde an Menschen gewöhnen

Da steht es nun das »Wildpferd« und soll zahm und angenehm im Umgang werden. Wachsam und misstrauisch, bereit zu flüchten oder sich notfalls zu wehren, sobald man zu nahe kommt. Am besten stellt man das scheue Pferd in ein nicht zu großes Stück Koppel oder Auslauf neben ein ruhiges, zahmes Pferd oder eine Herde im Nachbarpaddock. Nun kann es zuerst bei den anderen Pferden zuschauen, wie Menschen zwischen ihnen herumlaufen und mit ihnen umgehen und sie dabei entspannt bleiben.

Zeigt das Pferd bereits Angst, wenn ein Mensch nur in seine Nähe kommt, nimmt man sich am besten täglich ein paar Stunden Zeit. Nutzen Sie die natürliche Neugier, stellen Sie sich in für das Pferd gefühlt sicherem Abstand in den Paddock und lesen ihm eine Geschichte vor. Diese Methode ist einfach, ungefährlich und hat sich unter ande-

Erste Kontaktaufnahme mit dem »Wildpferd«.

rem bei einer ganzen Reihe wild aufgewachsener Exmoorponys gut bewährt. Das Pony gewöhnt sich an die menschliche Stimme, den Geruch etc., fühlt sich unbeobachtet, fasst Mut und kommt irgendwann neugierig näher.

Neue, fremde Dinge werden zuerst mit der Nase untersucht. Wichtig ist, dabei ruhig stehenzubleiben und weiterzuatmen. Auch wenn es reizt, nicht zu früh die Hand ausstrecken und das Pferd berühren!

Der erste Kontakt mit einem frei aufgewachsenen Jungpferd: Lavena und ich stehen uns seitlich versetzt gegenüber, die rechte Menschenschulter zeigt auf die rechte Pferdeschulter. Die Pferdenase nimmt Kontakt mit der ausgestreckten Hand auf. Pferde gehen wegen ihrer seitlich liegenden Augen normalerweise nicht frontal aufeinander und auf fremde Objekte zu, sondern leicht seitlich versetzt, da sie sich so besser sehen können. Auch die rechte Körperseite ist kein Zufall. Die Eindrücke des rechten Auges werden in der linken, verstandesbetonten Gehirnhälfte verarbeitet.

Pferde sind soziale Wesen, die für ihr Überleben auf die Interaktion in der Herde angewiesen sind. Das bedeutet, sie sind unwahrscheinlich gute Beobachter, die winzige Veränderungen unserer Körperhaltung und unserer Mimik wahrnehmen, lesen und deuten.

Sind sich zwei Pferde fremd oder haben sich eine Weile nicht gesehen, treffen sich die Nasen, um den Geruch des anderen aufzunehmen.

Vertrauen aufbauen

Mit Ruhe und Geduld gewöhnt sich ein ungezähmtes Pferd an die Anwesenheit des Menschen. Aber warum sollte es ihn näher an sich heranlassen oder sich gar berühren lassen und mit ihm kommunizieren?

Es liegt an uns, das Pferd von den Vorteilen zu überzeugen, die wir als menschliche Partner zu bieten haben. Ein unschlagbares Argument für den Anfang ist – Futter! »Essen« ist überlebenswichtig und hat daher einen sehr hohen Stellenwert. Pferde in Stresssituationen stehen mit erhobenem Kopf da und beäugen das Stressobjekt. Nur Pferde ohne große Angst fressen – umgekehrt schafft das Kauen Entspannung, am besten mit gesenktem Kopf. Besonders leckeres Futter lässt anfängliches Misstrauen schneller vergessen.

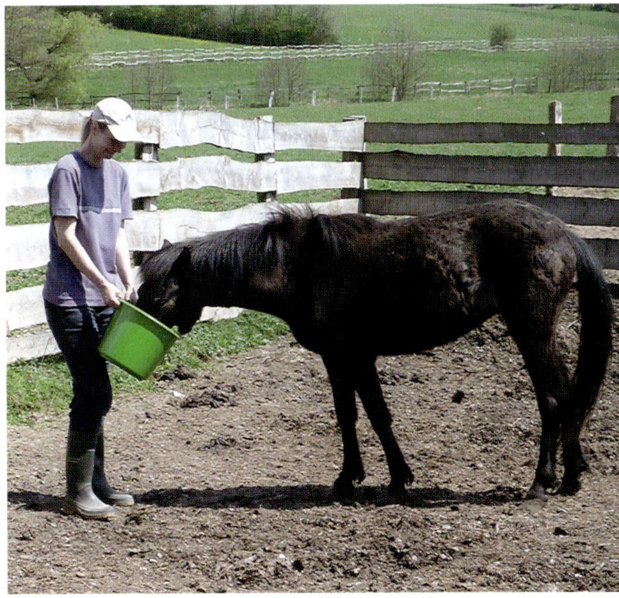

Fluchtbereit, aber das leckere Futter lockt.

Futter aus dem Eimer nehmen

Ideal für die Futtergewöhnung sind kleingeschnittene Möhrenstückchen. Der Eimer wird zuerst in etwas Abstand zum Menschen hingestellt, bis das Pferd sich traut, die Nase in den Eimer zu stecken und das Futter zu nehmen. Der Eimer wandert nach und nach immer näher an den Menschen heran, solange bis man ihn in der Hand behält, während das Pferd frisst.
Um ungehändelte Pferde von A nach B zu bewegen, übt man mit dem Möhreneimer das Herankommen und lässt sie mit der Nase im gefüllten Eimer durch den Paddock folgen. Halftergewöhnung kommt erst später, wenn sie keine Angst mehr vor Berührungen haben.
Futter aus dem Eimer hilft auch bei der Gewöhnung von handscheuen Pferden an Berührungen am Körper. Mit Unterstützung von Mohrrübenstückchen im Eimer lässt sich das Pferd beim Fressen nach einer Weile schon an Hals und Schulter kraulen.

Berührungen am ganzen Körper und Putzen

Es ist ein riesiger Unterschied für das Beutetier Pferd, ob es in ständiger Fluchtbereitschaft selbstbestimmt mit der Nase etwas berührt, oder ob die Berührung fremdbestimmt ist. Je weiter hinten am Körper, umso mehr Angst macht sie. Daher beginnt man immer vorne am Körper und mit ausgestrecktem Arm.

In Extremfällen, bei sehr misstrauischen und dabei wehrhaften Pferden, die zu schlagen oder zu beißen drohen, hilft eine lange Gerte oder eine »künstliche Hand« (Staubwedel oder Fliegenklat-

Kraulen mit dem Noppenstriegel.

sche) aus sicherem Abstand, Berührungen zu trainieren.

Im Normalfall lernt das Jungpferd jedoch bald, dass Kraulen am Mähnenkamm, an der Halsunterseite und irgendwann auch an Schweifrübe und Kruppe angenehm sind. Suchen Sie die Lieblingsstellen und wagen Sie sich langsam zur Kruppe und zu den Hinterbeinen vor. Werden die Finger schon lahm, kann man einen Noppenstriegel probieren.

Halfter anziehen

Lässt sich das Pferd entspannt berühren und traut sich, Futter aus der Hand zu nehmen, kann mit der Halftergewöhnung begonnen werden.

Ein- oder zweimal täglich übt man ein paar Minuten Putzen und Kraulen mit dem Halfter in der Hand. Lavena ließ mich anfangs mit dem Halfter nicht in ihre Nähe. Also blieb ich zuerst mit baumelndem Halfter in der Hand in ein paar Metern Entfernung stehen und ging nach und nach immer näher heran, wenn sie sich nicht zurückzog. Nach ein paar ruhigen Versuchen, auch mit Hilfe von Futter, ging Berühren am Kopf und Putzen am ganzen Körper mit dem Halfter in der Nähe.

Nun öffnet man das Genickstück und füttert zuerst Leckerlis aus der Hand durch das Nasenteil, das langsam ein Stück auf die Nase hochgezogen wird. Nächster Schritt ist, ans Streicheln im Genick gewöhnen, dann mehrmals den offenen Genickriemen darüberlegen und erst schließen, wenn das Pferd dabei keine Stressanzeichen zeigt. Dieser Gewöhnungsprozess kann mehrere Tage dauern, bis man das Halfter überhaupt auf der Nase etwas hochziehen kann.

Bevor Sie das im Genick geschlossene Halfter über die Ohren ziehen, sollte sich das Pferd entspannt an den Ohren anfassen lassen. Das übt man durch Streicheln an den Ohren. Es kann bei manchen Pferden wochen- bis monatelang dauern, bis sie sich an den Ohren anfassen lassen. Abwarten lohnt sich aber, um das Halfter und später die Trense nicht mit negativen Gefühlen zu besetzen. Außerdem kann es zum Beispiel für eine Behandlung nötig werden, dass sich das Pferd entspannt überall an den Ohren berühren lässt.

Zum Ausziehen öffnet man das Halfter wieder im Genick und lässt es vorsichtig herunterrutschen.

Zappelt das Pferd herum, weil es die Manipulation am Kopf nicht mag, halten Sie das angezogene Halfter sanft solange fest, bis das Pferd den Kopf ruhig hält, bevor Sie das Halfter weiter ausziehen. Nicht ruckeln oder dagegen ziehen, sondern in der Bewegung mitgehen, damit das Pferd nicht panisch wird. Schüttelt es zu wild mit dem Kopf, lassen Sie das Halfter kurz los und beginnen in Ruhe von Neuem. Zerlegen Sie die Aufgabe in kleine Schritte und belohnen jeden einzelnen, z.B. Halfter anfassen lassen – Lob und Belohnung; Schnalle öffnen lassen ohne zu zappeln – Lob und Belohnung usw.

Hat das Pferd stillgehalten, sollte man auch nach dem Halfter-Ausziehen ein Leckerli geben. Das hat den Vorteil, dass das Pferd besonders beim Losmachen auf der Koppel noch bei einem stehen bleibt, statt auf der Hinterhand kehrt zu machen und – evtl. sogar ausschlagend – davonzugaloppieren.

Kleiner Exkurs in die Lernpsychologie – Lernen durch positive und negative Verstärkung

Positive Verstärkung – etwas Angenehmes hinzufügen – Lob, Kraulen und Leckerli

»Gut gemacht!« Das verdient eine Belohnung! Und weil das so angenehm ist, macht der Belohnte diese Aufgabe beim nächsten Mal gerne wieder, in der Hoffnung, dass es wieder etwas Schönes dafür gibt. Ein mündliches Lob, die Erfolgsprämie oder ein Dankeschön-Geschenk für uns Menschen entspricht bei Pferden hauptsächlich dem Futter. Nahrung ist nun mal lebensnotwendig und es ist wissenschaftlich nachgewiesen, dass Pferde am besten durch Futterlob lernen. Lob fördert das Vertrauen und die Motivation und steigert die Lebensfreude des Pferdes.

Nach einigen Wochen geht Lavena auch auf unbekannte Menschen zu.

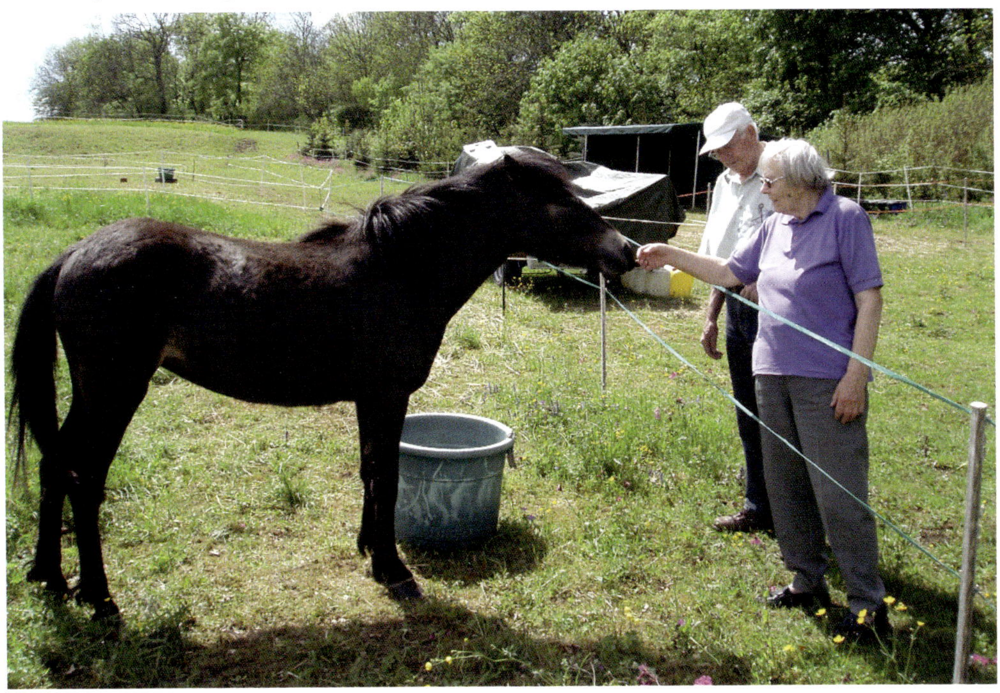

Natürlich ist es auch schön, gestreichelt zu werden und Freude über seine Leistung zu erfahren. Kraulen an einer Lieblingsstelle und ehrlich begeistertes Stimmlob nutze ich je nach Situation und Pferd alternativ zum Leckerli oder für eine etwas weniger »wertvolle« Leistung.

Kraulen als Lob.

Streichellob

Die meisten Pferde mögen Körperkontakt. Das aus Kavalleriezeiten übriggebliebene und nur schwer auszurottende Halsklopfen gehört eher nicht dazu. Testen Sie, was Ihr Pferd am liebsten mag: Kraulen an Mähnenkamm oder Widerrist, Streicheln auf der Stirn, Kratzen an der Schweifrübe oder der Unterseite des Halses.

Clickertraining

Das Training mit positiver Verstärkung erzieht Pferde dazu, selbst mitzudenken, die Initiative zu ergreifen und Vorschläge für die richtige Lösung von Aufgaben zu machen. Jeder kleine richtige Ansatz wird sofort gelobt und belohnt. Fehlversuche werden ignoriert, »lohnen« sich also nicht. Es gibt aber auch keine Bestrafung, so dass ein positiv konditioniertes Pferd weitere Lösungen anbietet, in der Hoffnung sich jetzt die Belohnung zu verdienen.

Anclickern und Höflichkeitstraining für Leckerlis

Damit das Pferd lernt, richtiges Verhalten lohnt sich, nehmen Sie ein kleines Leckerli in die Hand, zeigen es dem Pferd und schließen die Hand zur Faust. Beginnen Sie mit Futter, das das Pferd mag, aber nicht das absolute Highlight ist (Hagebutte, Graspellet, ein paar Löwenzahnblätter), um dem Pferd die Impulskontrolle leichter zu machen. So wird unerwünschtes Verhalten wie Gieren, Betteln, Scharren, Taschen-Knibbeln oder Nach-der-Hand-Schnappen nicht so schnell provoziert.

Sobald das Pferd ruhig und mit geradem Kopf und Hals (mit Abstand von der Futterhand) stehenbleibt, öffnen Sie die Hand und belohnen diese erwünschte Reaktion, indem Sie dem Pferd das Leckerli geben. Möchten Sie das Pferd auf Clickern (oder ein bestimmtes Lobwort) konditionieren, clicken/loben Sie diesen Moment, bevor Sie das Leckerli geben.
Besonders aufdringliche Pferde füttert man anfangs hinter einer Abtrennung (kein Stromzaun). Hört das Pferd nicht auf zu drängeln, geht man einfach ein paar Schritte zurück und wartet, bis es ruhig steht. Dann kommt sofort Click + Leckerli. So versteht auch der penetranteste Bettler recht schnell, dass unerwünschtes Verhalten sich nicht rechnet.

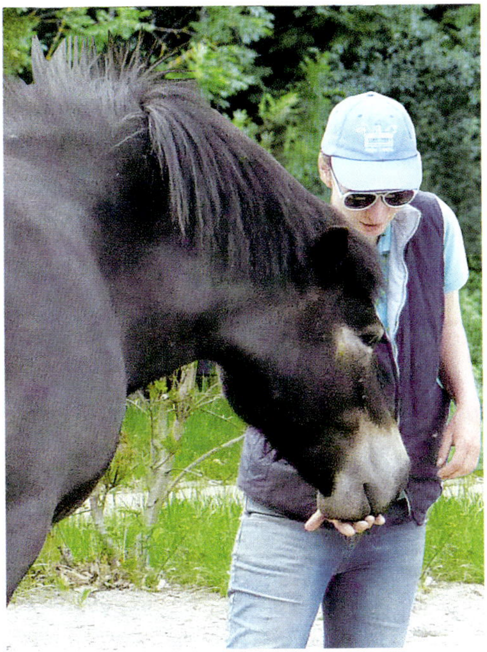

Höflich Belohnungen nehmen sollte zur Grunderziehung gehören.

Gerade bei stark futterorientierten Pferden ist Clickern ein effektives Mittel, dem Pferd zu verdeutlichen, dass es Belohnungen wirklich nur nach dem Signal (dem Click) gibt. Hält man sich konsequent daran (und auch alle anderen Menschen, die mit dem Pferd umgehen!), kann man sich bald an einem höflichen Pferd mit guter Futterdisziplin erfreuen.

Beispiel Clickertraining: den Kopf selbst ins Halfter stecken (CB = Click + Leckerli)
Man stellt sich neben das Pferd mit dem Halfter in der Hand, so dass das Nasenteil offen und bereit zum Reinschlüpfen ist. Zeigt das Pferd Interesse am Halfter ‚CB', Nase berührt Halfter ‚CB', Pferd schaut weg – nichts passiert, Nase berührt Halfter ‚CB', Pferd steckt Nase ins Halfter ‚CB' usw.

Nach wenigen Übungseinheiten wird das Pferd die Nase von selbst in das hingehaltene Halfter stecken und wahrscheinlich sogar beim Anziehen »helfen«.
Nun reicht »CB« erst bei komplett angezogenem Halfter, beim nächsten Schritt nur noch jedes dritte Mal, später nur noch ganz selten. Halfter anziehen bleibt trotzdem positiv besetzt und wird in der Hoffnung auf eine Belohnung gerne gemacht.

Bis zu diesem Punkt müssen Sie sehr wahrscheinlich mehrere Tage üben. Es kann durchaus tagelang bei »Nase berührt Halfter« bleiben, bevor das Pferd reif für den nächsten Schritt ist.

An unserem Halfterbeispiel sieht man die Vorteile des Trainings mit positiver Verstärkung: Eigeninitiative, also selbst ins Halfter schlüpfen, wird belohnt. Die Zusammenarbeit mit dem Menschen »zahlt sich aus«. Das Pferd wird von Anfang an zur selbständigen, freiwilligen Mitarbeit erzogen.

Du bekommst, was du belohnst
Richtig mit Futter loben muss gelernt sein, sonst kann der positive Effekt schnell ins Gegenteil umschlagen. Einerseits begeistert und motiviert das Leckerli das Pferd. Futterlob zum falschen Zeitpunkt (schlechtes Timing), zu viel, zu wenig, zu spät oder im falschen Moment gefüttert, führt jedoch zu Stress und verhindert den Lernerfolg oder lässt das Pferd sogar etwas Falsches lernen.

Bei falscher Anwendung werden viele Pferde so futtergierig, dass sie anfangen zu schnappen oder an Taschen herumzuknibbeln, zu betteln, zu scharren oder herumzuzappeln und ständig irgendwelche Tricks anzubieten, um gleich das nächste Leckerli abzurufen. Deshalb ist Futterlob bei einigen Ausbildern umstritten.

Manche Trainer und einige Trainingsmethoden verzichten komplett darauf, mit dem Argument, dass sich Pferde in einer Herde auch nicht gegenseitig Futter geben, sondern mit Druck und Weichen im Rahmen der Rangordnung (Dominanz) arbeiten. Bei domestizierten Pferdeherden auf kleinem Raum ist die Rangordnung häufig ein Thema beim Zugang zur besten Futterstelle. Überlässt nun ein Herdenmitglied dem anderen freiwillig das beste Futter, würde das nach der Dominanztheorie einen untergeordneten Platz in der Rangordnung bedeuten und somit die Autorität des Trainers infrage stellen. In der modernen Lernforschung wurde jedoch festgestellt, dass Pferde über Futterbelohnung zum richtigen Zeitpunkt am besten lernen.

Negative Verstärkung – Druck aufbauen und wegnehmen

Training über negative Verstärkung ist **keine** Strafe, sondern auch eine Art »Belohnung«, indem ein unangenehmer Zustand beendet wird. Das bedeutet im Umgang mit Pferden, Druck aufzubauen (in der Regel in Abstufungen von fein nach stark) und **sofort** den Druck wegzunehmen, sobald das Pferd einen (egal wie winzigen) Ansatz zeigt, die Aufgabe zu lösen. Auch hierbei ist das richtige Timing entscheidend! Es wird also etwas Unangenehmes hinzugefügt, gesteigert oder fortgesetzt, zum Beispiel Antippen mit der Gerte in gesteigerter Frequenz, bis das Pferd mit dem touchierten Körperteil weicht.

Hat das Pferd die Aufgabe verstanden, reagiert es normalerweise prompt auf eine ganz leichte Hilfe bzw. ein Kommando, da ihm klar ist, dass es solange keine Ruhe bekommt und die Hilfe sonst immer unangenehmer wird, bis es das Gewünschte tut. So erzieht man sich gut reagierende, »durchlässige« Pferde.

Dieser Druck bzw. der unangenehme Reiz ist ein häufig gehörter Kritikpunkt an negativer Verstärkung. Betrachten wir dazu ein Beispiel aus dem täglichen Leben: Setzen wir uns ins Auto und vergessen uns anzuschnallen und der Warnton im Auto ertönt »ping … ping … ping …« ist das auch negative Verstärkung. Vielleicht verdrehen wir kurz genervt die Augen, jedenfalls schließen wir den Gurt, der nervige Ton hört auf – und keiner ist traumatisiert.

Druck-Aufbauen und Dem-Druck-Nachgeben sind einfach Mittel zur Verständigung. Zeigt das Pferd nicht die richtige Reaktion, habe ich als Trainer die Aufgabe schlecht, z.B. nicht kleinschrittig genug, erklärt. Das Pferd hat mit seiner Reaktion immer Recht – macht es nicht das, was ich möchte, habe ich unklare Hilfen gegeben oder nicht bemerkt, dass das Pferd (zum Beispiel in einer Stresssituation) nicht in der Lage ist, mich zu verstehen.

Ich selbst nutze negative und positive Verstärkung – je nach Situation und Pferd. Ich denke, dass positive Verstärkung über ein Futterlob im richtigen Moment und verbunden mit der gut gelösten Aufgabe für die allermeisten Pferde ein wunderbares Trainingsmittel sein kann. Je länger ich mich damit beschäftige, umso mehr Situationen kann ich inzwischen mit positiver Verstärkung lösen.

Die positive Verstärkung hat aber Grenzen: »Nein« sagen, also unerwünschte Verhaltensweisen stoppen, funktioniert meiner Meinung nach nicht oder nur über große Umwege und mit zweifelhaftem Trainingserfolg.

Beispiel: Lavena blieb auch nach einigem Üben beim Führen sehr oft stehen und ließ sich kaum zum Weitergehen überreden. Meine Taktik mit positiver Verstärkung war, das freiwillige Weitergehen zu belohnen. Wenn sie stehengeblieben war und nach einer Weile freiwillig wieder losging, gab es einen Click und eine Belohnung. Als schlaues Pony hatte sie das bald heraus, blieb stehen, ging weiter und wurde prompt belohnt. Gab es dafür mal kein Leckerli, wurde sie richtig sauer, legte die Ohren an, schnappte und forderte vehement ihr »Recht« ein.

Die Lösung des Stehenbleiben-Problems war eine bei manchen Trainern verpönte Mischung aus negativer und positiver Verstärkung. Statt der erwünschten Pause mit in der Gegend herumschauen oder vor sich hin träumen, wurde Lavena das Stehenbleiben madig gemacht, indem ich sie fortlaufend mit der Gerte touchierte. Reagierte sie nicht auf die Gertenhilfe, musste sie die Vorhand oder Hinterhand verschieben, rückwärts treten, seitwärts weichen usw. Es gab also keine Ruhe und keine Chance, sich durch »Mauern« der Situation zu entziehen. Dazwischen bot ich ihr immer wieder an, statt des anstrengenden Seitwärts lieber bequem vorwärts zu gehen. Nahm sie das Angebot an, wurde das gewünschte Vorwärts-Loslaufen nur durch das Wegfallen des Touchierens »belohnt«. Dafür gab es schon nach wenigen flüssigen Schritten vorwärts immer wieder einen Click und ein Leckerli während des Laufens, allerdings ohne erkennbaren Rhythmus.

Taschenknibbeln ist unerwünscht!

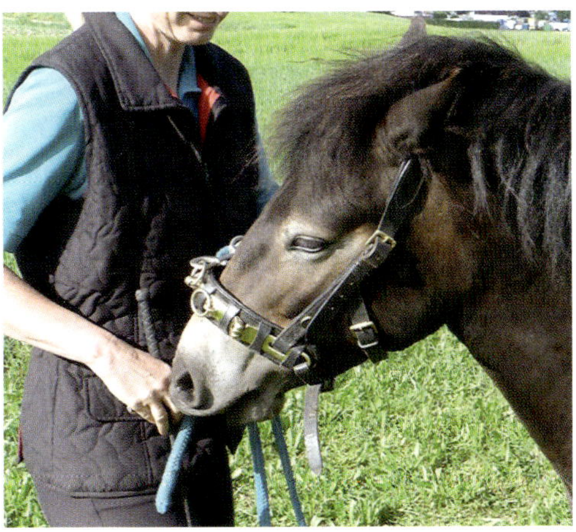

Wichtig: Die Belohnung eines erwünschten (bereits sicher erlernten) Verhaltens wirkt am besten, wenn sie nicht jedes Mal auf das Verhalten folgt, sondern in unregelmäßiger Abfolge. Begründung: Wird ein Verhalten jedes Mal belohnt, und bleibt die Belohnung dann einmal aus, wirkt dies wie eine Bestrafung (Entzug einer angenehmen Konsequenz), was zu Frustration führt. Wird das Verhalten jedoch nur ab und zu belohnt, stärkt das die Motivation, nach dem Motto: »Ich muss mich nur genug anstrengen, dann bekomme ich das Leckerli.«

Keine Schnappschildkröten bitte! Höflichkeit bei der Futterbelohnung

Grundregeln bei aufdringlichen, schnappenden Pferden:

- Ein Leckerli gibt es für eine »Leistung«, niemals »einfach nur so«.
- Das Pferd bekommt das Leckerli nur, wenn es ruhig bleibt und nicht fordert (an der Hand oder an der Tasche knibbelt, bettelt usw.)
- Bei bekannten Übungen Leckerli-Frequenz vermindern. Nicht mehr jedes Mal ein Leckerli geben, sonst sieht das Pferd das als sein gutes Recht an, fordert es vehement ein und weigert

sich evtl. weiterzuarbeiten. Geben Sie alternativ ein kurzes (ehrlich begeistertes) Stimmlob oder Streicheleinheiten.

Welche Leckerli?
Wählen Sie nur Belohnungen, die für das Pferd ungefährlich sind. Zu große Happen, dank Zahnwechsel schlecht gekaut und hastig verschluckt, können zu Schlundverstopfung führen. Große Stücke verleiten außerdem zum Hapsen mit weit aufgesperrtem Maul. Günstig sind zum Beispiel ganz klein geschnittene Mohrrübenstücke, extra kleine Clickerleckerli, Ministücke trockenes Brot oder getrocknete Hagebutten. Fertig gekaufte Pferdeleckerli sind oft sehr hart, Jungpferde im Zahnwechsel können sie schlecht kauen.

Wohin mit den Leckerli?
Belohnungen wirken nur, wenn sie prompt nach der guten Leistung gegeben werden! Stecken Sie darum Ihre Leckerlis immer an die gleiche, gut zugängliche Stelle, z. B. die linke Jacken- oder Westentasche oder in eine Gürteltasche. Bis das Leckerli aus der engen Jeanstasche gepfriemelt ist, kann es zu spät sein!

Konzentrationsfähigkeit

Wichtig für den Lerneffekt ist es, die Konzentrationsfähigkeit- und spanne des Pferdes zu berücksichtigen. Nur ein konzentriertes Pferd ist in der Lage, sich mit dem Lernstoff auseinanderzusetzen und neue Abläufe zu erlernen. Auch Lernen muss gelernt werden!
Wie bei einem menschlichen ABC-Schützen ist die Konzentrationsspanne beim Jungpferd noch sehr kurz. Nach wenigen Minuten ist die Aufnahmefähigkeit erschöpft. Macht man mit dem Lernstoff weiter oder beginnt sogar etwas Neues, wird das Pferd je nach Typ anfangen herumzuzappeln, abgelenkt in der Gegend herumzuschauen oder zu »träumen« und nicht mehr mitzumachen. Bereits jetzt ist es überfordert! Oft wird das als »keine Lust« oder »fehlende Motivation« abgetan, im schlimmsten Fall als faul und arbeitsscheu.
Allerspätestens jetzt ist es Zeit, eine längere Pause einzulegen oder die Trainingseinheit zu beenden. Schulen Sie Ihre Wahrnehmung, um beim nächsten Mal rechtzeitig eine Pause zu machen oder die Lektion zu beenden, solange es gerade am besten klappt! Im Idealfall beendet man das Training, wenn das Pferd am liebsten noch weiterüben möchte.

Pause als Belohnung?

Pausen sind wichtig zur Entspannung, sie geben Zeit nachzudenken und das Gelernte zu verarbeiten. Unter Stress kann kein Pferd lernen, auch deshalb ist es wichtig, für eine entspannte Arbeitsatmosphäre zu sorgen. Gerade beim Jungpferd und allen anderen noch nicht an konzentriertes Lernen gewöhnte Pferde sollte die Pausenzeit zwischen den Übungen mindestens genauso lange dauern, wie die reine Übungszeit.

In den Pausen haben Sie die Möglichkeit, Ihr Pferd zu beobachten und zu lernen, die Zeichen der Entspannung zu lesen: Tiefe Kopf- und Halsposition mit offenem Genick, »schlabberige« Ohren, lockere, vielleicht sogar entspannt etwas herunterhängende Unterlippe, weicher Blick, ein tiefer Atemzug mit langem Ausatmen. Das oft als Zeichen für »das Pferd denkt nach und verarbeitet die Übung« angesehene Kauen und Schlecken kann ein Anzeichen für vorherige Anspannung beim Training sein. Kommt das öfter vor, sollten Sie die Anforderungen herunterfahren.

Pausen sind also immens wichtig – jedoch nicht unbedingt als »Lob«. Gilt eine Pause als »Belohnung« würde das bedeuten, Arbeit ist negativ besetzt, anstrengend und möglichst zu vermeiden. Bauen wir das Training doch lieber so auf, dass das Pferd zwar gefordert, aber niemals überfordert wird, mit viel Lob und so viel Abwechslung, dass Langeweile vermieden wird, aber kein Stress entsteht. Dann macht Arbeit Spaß, ist das Zusammensein mit uns Menschen spannend und unser Lohn ist ein motiviertes Pferd, das freudig mitmacht.

Manche modernen Lernmethoden propagieren Entspannungspausen an einem immer gleichen Ort, z. B. in einem bestimmten Stangen-Viereck in einer Ecke der Reitbahn. Dort wird nie etwas verlangt, das Pferd darf einfach dort stehen und wird manchmal gekrault und gestreichelt. Diese konditionierte Auszeit soll zur Entspannung »auf Knopfdruck« führen und ist sicher eine gute Sache, wenn das vom Arbeitsumfeld her möglich ist. Nicht in jeder Reitbahn kann man jedoch im laufenden Betrieb einfach eine Ecke besetzen.

Ich selbst habe mit der Übung »Kopf senken« auf Kommando, dabei ausatmen und ruhiges Abstreichen des ganzen Körpers in Haarwuchsrichtung mit der flach gehaltenen Gerte gute Erfahrungen gemacht. Die Pferde spüren durch die langsamen Bewegungen in sich hinein und kommen zur Ruhe.

Nimm den Kopf tief

kann besonders bei nervösen Pferden und in spannungsgeladenen Situationen zur Schlüssellektion werden. Das Senken des Kopfes führt direkt zu einem entspannteren Zustand, ähnlich wie es bei uns Menschen die Atemtechniken bei der Angstbewältigung tun. Eine hohe Kopf- beziehungsweise Halshaltung drückt geistige und körperliche Alarm- und Fluchtbereitschaft aus. Eine tiefe Kopfhaltung bedeutet seit Millionen von Jahren Futteraufnahme in Momenten der Sicherheit. Daher hilft »Nase tiiieef«, Entspannung zu finden, den Puls zu senken und den Geist wieder aufnahmefähig zu machen.

Diese Übung erleichtert zudem den täglichen Umgang entschieden. Spätestens wer versucht hat, einem Pferd mit 1,70 m Stockmaß, das plötzlich zur Giraffe mutiert und seinen Kopf so weit wie möglich in die Luft streckt, ein Halfter anzuziehen oder es aufzutrensen, weiß um den Wert der Lektion »Kopf senken«.

Wie bringe ich mein guckiges Jungpferd zum Kopf senken? Der Aufbau der Übung ist im Kapitel Bodenarbeit genauer beschrieben.

Pause für die Muskeln

Muskeltraining erfolgt durch den Wechsel zwischen Anspannung und Entspannung. Bei körperlich anstrengenden und gymnastizierenden Übungen müssen wir den Muskeln zwischendurch immer wieder Zeit geben zum Entspannen.

Wird das Programm anstrengender und soll die Muskulatur des Pferdes effektiv trainiert werden, ist sogar eine längere Pause notwendig. Am besten 48 Stunden bis zum nächsten gleichartigen Training, denn so lange brauchen die Muskeln, um sich zu regenerieren und zu wachsen. Ruhige Bewegung ist erlaubt, zum Beispiel ein Spaziergang oder später ein gemütlicher Ausritt.

Besuchen Sie Ihr Pferd doch auch mal am Pausentag. Miteinander Zeit verbringen, ohne ständig etwas vom Pferd zu verlangen und zu fordern, ist ein weiterer Baustein, um die Beziehung zwischen Mensch und Pferd zu festigen. Einfach mal »nur so« mit dem Pferd zusammen sein, gemeinsam auf dem Paddock rumstehen und atmen oder grasen gehen und dabei die Landschaft genießen oder sein Pferd auf der Weide beobachten.

Positive Strafe

Der berühmte »Klaps«, der angeblich »noch keinem geschadet hat«, und warum er die Ausnahme bleiben sollte.

Definition positive Strafe

»Positiv« bedeutet in diesem Fall überhaupt nichts Gutes, sondern schlicht das Hinzufügen von etwas Unangenehmem, was das Pferd in Zukunft vermeiden möchte. Typische Beispiele: Das Pferd zappelt am Anbinder herum und wird angebrüllt und grob am Halfter geruckt; das Pferd schnappt nach der Hand und bekommt einen Klaps aufs Maul.

Diese Art Strafe haben viele Menschen als Kind selbst erfahren und als normal und angemessen für »Verfehlungen« abgespeichert. Besonders in potenziell gefährlichen und als starken Stress empfundenen Situationen, erfolgt reflexartig und gewohnheitsmäßig eine prompte Bestrafung, zum Beispiel, wenn das Pferd droht zu schlagen oder gegen einen rempelt. Dieses Verhalten wird in Reiterkreisen häufig als sinnvoll und notwendig angesehen, denn schließlich »machen das doch alle schon immer so«. Im Extremfall bekommt man den Eindruck, das betroffene Pferd sei ein notorischer Arbeitsverweigerer oder gar ein gefährliches Raubtier, dem man ununterbrochen »so richtig zeigen muss, wo der Hammer hängt«.

Der Impuls, dem Pferd die nötigen Grenzen zu setzen, ist damit befriedigt – die Sache hat allerdings einen Nachteil: Strafe kann nur verbieten, nicht das richtige Verhalten erklären. Das Pferd lernt damit NICHT, was richtig und erwünscht ist. Positive Strafe wirkt über die Konsequenz »Angst vor Wiederholung des Unangenehmen«. Manche Pferde werden dadurch so stark eingeschüchtert, dass sie das unerwünschte Verhalten stoppen und sich überhaupt nicht mehr trauen, irgendetwas zu tun. Sie erstarren in Hilflosigkeit.

Der Mensch hat damit erstmal »gewonnen« – leider auch kurz- oder langfristig ein Stück Vertrauen des Pferdes verloren.

Vertrauen bei der Arbeit

»Auf ein Pferd, das aus Angst gehorcht, ist kein Verlass. Es wird immer etwas geben, vor dem es sich mehr fürchtet als vor dem Reiter. Wenn es aber seinem Reiter vertraut, wird es ihn fragen, was es tun soll, wenn es sich fürchtet.«

Antoine de Pluvinel (1555–1620)

Kein Zorn!

»Niemals ein Pferd im Zorn zu behandeln ist für das Pferd die beste Lehre und Gewohnheit. Es ist etwas Unbedachtsames um den Zorn, sodass er oft etwas bewirkt, was man bereuen muss.«

Xenophon

Besonders Vertrauen verletzend wirkt unbeherrschtes Strafen aus Wut und mangelnder Impulskontrolle beim Reiter. Minutenlang mit überschlagender Stimme gebrüllte Schimpftiraden, unbeherrschte heftige Schläge mit der Gerte, schmerzhafte Rucke an scharfen Zäumungen wie Führkette oder Gebiss.

Wut entsteht aus Hilflosigkeit, deshalb dürfen Sie kurz mit sich selbst Mitleid haben, dass Sie in eine so schreckliche Situation gebracht wurden. Als denkendes Wesen können Sie sich für das nächste Mal eine Strategie überlegen, wie Sie ähnliche Probleme in Zukunft möglichst vermeiden können. Wenn irgend möglich, ignorieren Sie das Fehlverhalten und verlangen freundlich-souverän, aber konsequent und penetrant das Erwünschte. Der kleinste Ansatz zum richtigen Verhalten wird sofort belohnt.

Falls Sie sich dafür entscheiden, dass in einem bestimmten Fall eine positive Strafe wirklich nötig ist, dann strafen Sie prompt, emotionslos, kurz und klar und gehen danach SOFORT wieder freundlich konsequent mit dem Pferd um. Um damit tatsächlich Erfolge zu erzielen, sollte Ihr Pferd genau wissen, was hier von ihm verlangt wird, damit es überhaupt die Möglichkeit hat, einer positiven Strafe zu entkommen.

Übrigens – positive Strafe wenden wir im Pferdealltag unbewusst immer wieder an. Ein Beispiel: Beim Ausritt lockt das frische Grün, das Pferd zieht den Kopf herunter ins Gras, der Reiter behält die Zügel fest in der Hand, das Pferd bekommt einen kräftigen Ruck ins Maul und nimmt den Kopf wieder hoch. Manches Mal lässt sich das durch vorausschauenden Umgang vermeiden. In unserem Gras-Beispiel, indem man das Pferd vor dem Ausritt eine Viertelstunde grasen lässt, um die größte Gier zu besänftigen. Während des Rittes können Sie es an kritischen Stellen durch halbe Paraden, Biegen und Stellen beschäftigen, damit es aufmerksam bleibt.

Betreiben wir also Ursachenforschung: Unerwünschtes Verhalten hat immer einen Grund!

Das Pferd ...

- ... kann nicht,
- ... will nicht
- ... oder es versteht nicht.

Der zweite Grund ist mir so gut wie noch nie begegnet. Denke ich genauer nach, anstatt vorschnell »hat keinen Bock« oder »verarscht dich nur« zu urteilen und erfahre evtl. etwas aus der Vorgeschichte (Krankheiten, rüde Trainingsmaßnahmen, unpassender Sattel oder einfach fehlende Grundausbildung ...), kann ich aus meiner Erfahrung sagen: Ich habe noch kein grundlos(!) unwilliges Pferd kennengelernt. Die beiden anderen Punkte erlebe ich dafür umso öfter.

Ein Pferd verhält sich aus seiner Sicht der Dinge immer richtig. Es tut, was wir es gelehrt haben – oder zeigt, was in seiner Erziehung und Ausbildung versäumt wurde oder falsch gelaufen ist. Ganz sicher ist: Das Pferd kann nichts dafür, wenn es (noch) nichts oder etwas Falsches gelernt hat!

Meine Aufgabe als Ausbilder ist, die Lernschritte so kleinschrittig zu wählen und so deutlich zu erklären, dass das Pferd sie verstehen und richtig reagieren kann. Merke ich, dass das Pferd überfordert ist und sich wehren möchte, versuche ich, aus der Situation möglichst gewaltfrei und emotionslos herauszukommen, meist indem ich die Übung beende und eine Denkpause für alle einlege.

Ein Pferd, das erfahren hat, dass es die gestellten Aufgaben immer bewältigen kann und sein Mensch ihm mit Geduld und positiver Einstellung begegnet, lernt, Vertrauen in sich selbst und in seine Fähigkeiten zu haben. Ein solches Pferd wird zum zuversichtlichen und mutigen Partner für ein harmonisches Miteinander.

Negative Strafe

Negative Strafe bedeutet, dass etwas Angenehmes entfernt wird. Anders als bei Kindern oder Hunden spielt sie in der Pferdeerziehung eine eher untergeordnete Rolle. Beispiele: Ein Kind kommt mit einer schlechten Schulnote nach Hause und bekommt eine Woche Fernsehverbot; ein Hund möchte das Spielzeug nach dem Apportieren nicht abgeben, deshalb wird es ihm weggenommen.

Die negative Bestrafung setzt auf die Konsequenz »Frust«. Auch das kann nur funktionieren, wenn das Pferd weiß, welches Verhalten von ihm erwartet wird. Verhält es sich richtig, wird es belohnt und der Frust damit beendet. Ein Mittel dafür ist, bei Fehlverhalten dem Pferd die Aufmerksamkeit seines Menschen zu entziehen.

Ein Beispiel: Ich stehe auf dem Paddock und rufe »Lavena komm«. Normalerweise kommt sie sofort freudig und wird mit Click + Leckerli belohnt. Heute ist ihre Aufmerksamkeit von etwas anderem gefesselt und sie beachtet mich nicht. Ich rufe ihren Stallkumpel, der sich auch immer gerne ein Leckerli verdient. Der kommt prompt, wird überschwänglich gelobt und bekommt sein Leckerli. Lavena hat das alles aus dem Augenwinkel beobachtet und ihr Gesichtsausdruck spricht Bände! Der pure Frust! Nun kommt sie sofort mit angelegten Ohren. Ich beachte sie erstmal nicht und clickere ein paar kleine Tricks mit ihrem Kumpel. Dann gehe ich ein Stück weiter und rufe Lavena. Nun kommt sie übereifrig und gibt sich riesige Mühe bei unseren Übungen.

Eine »Falle« für ungewollte negative Strafe ist ein zu regelmäßiges Belohnen für immer die gleichen Abläufe. Bleibt die Belohnung einmal aus, wirkt das sehr frustrierend. Gewöhnen Sie sich deshalb an, auch mal nur ein Lobwort zu sagen oder einen kurzen Streichler über die Mähne, statt zum Leckerliautomat zu werden.

Mehr nützliche Trainingsgrundsätze

Mit leerem Bauch lässt es sich schwer konzentrieren

Trainieren Sie nie mit einem hungrigen Pferd. Es sollte immer gut gesättigt sein – natürlich nicht vollgefressen bis obenhin. Bei Heu und Gras ist das kein Problem. Kraftfutter sollte erst nach der Arbeit gefüttert werden. Selbst wenn das Pferd immer Heu zur freien Verfügung hat, kann man nicht wissen, ob es nicht gerade eine der normalen zwei bis drei Stunden dauernden Fresspausen eingelegt hatte und nun doch Hunger hat. Lassen Sie das Pferd vor dem Training vorsichtshalber für 10 bis 20 Minuten Raufutter fressen.

Unwiderstehliches Grün

Besonders im Frühling lockt das Gras und die Pferde sind im Gelände oder auf Wiesentrainingsplätzen schwer auf etwas anderes als das saftige Grün zu konzentrieren. Hier ist es ratsam, das Pferd vor dem Training erstmal einige Zeit grasen zu lassen, bis sich die erste Gier gelegt hat.

Frustrationstoleranz erhöhen

Wir alle kennen das – Schule oder Arbeit machen nicht immer Spaß. Klappt eine neue Schreibaufgabe nicht gleich, obwohl sich der Abc-Schütze wirklich anstrengt, wird der Stift hingeworfen und gemotzt »ich mach' nicht mehr mit«. Bei pädagogisch versierten Lehrern lernen Grundschulkinder spielerisch und mit viel Lob und Anerkennung, sich immer länger zu konzentrieren und auch bei anstrengenderen Aufgaben oder Misserfolgen nicht gleich aufzugeben. Dieses »etwas tendenziell Anstrengendes oder Unangenehmes länger aushalten lernen und sich nicht entmutigen lassen« nennt man Frustrationstoleranz.

Gerät das Kind an einen schlechten Pädagogen, der selten lobt, Fehler aber immer ausgiebig kritisiert, verliert es bald die Lust auf Schule und daran, neue Dinge zu lernen – es ist dauerfrustriert. Im schlechtesten Fall sein ganzes Schul- und Berufsleben lang. Genauso ist es bei unseren pferdigen Grundschülern.

Lavena zeigt ihren Frust überdeutlich.

Mein Exmoorpony Lavena gehört einer Rasse an, die züchterisch nicht auf Reitpferdeeigenschaften und Bereitschaft zur Zusammenarbeit mit dem Menschen selektiert wurde und wird. Sie hat von Natur aus eine geringe Frustrationstoleranz, zusammen mit einer Art Aufmerksamkeitsdefizitsyndrom. Sie hätte auf alles Mögliche Lust, was sich in ihrer Umgebung gerade anbietet: Schauen, Beschnüffeln, Reinbeißen, Fressen, Sich-Reiben, Mit-dem-Fuß-Scharren ... Alles, bloß nicht langweilig im gleichen Tempo vorwärtslaufen und zuhören, was die nervige Trainerin wieder will. Ermahne ich zu oft, legt sie die Ohren an, wird richtig stinkig und versucht mit allen Mitteln, aus der Nummer rauszukommen. Im Extremfall geht das bis zum gezielten Losreißen. Ich bin daher ständig damit beschäftigt, einen Grund zu suchen, sie loben und mit einem Leckerli belohnen zu können. Dazu habe ich meine Aufmerksamkeit geschärft, gute Phasen wahrzunehmen und positiv zu verstärken und baue zusätzlich gezielt kleine Aufgaben ins Training ein. Das hebt Lavenas Laune ungemein und ist, glaube ich, meine einzige Chance, bei ihr Freude und Bereitschaft zur Mitarbeit erreichen zu können.

Sag niemals NEIN

Lassen Sie sich einmal filmen im Umgang mit Ihrem Pferd. Wie oft haben Sie das Pferd gemaßregelt, korrigiert, wie laut, ungeduldig oder übergriffig sind Sie dabei geworden? Wie fühlt sich das für Sie an, wie geht es wohl Ihrem Pferd dabei?
Das Wort »NEIN« streichen Sie am besten gleich aus Ihrem Pferdewortschatz. Wie soll das Pferd verstehen, dass NEIN Stillstehen, Weichen, Nicht-an-der-Tasche-Knibbeln, Kopf-nicht-zum-Gras-Senken usw. usw. bedeuten kann? Viel besser ist es, das Gewünschte positiv zu formulieren: Das Pferd zappelt am Anbinder: »Haalt«; das Pferd zieht zum Gras: »Kopf hoch«, das Pferd zackelt beim Führen an: »Scheeritt«.

Richtiges Verhalten und damit die Impulskontrolle des Pferdes lassen sich durch kleinschrittiges Loben und Belohnen verbessern. Loben Sie nicht erst, wenn es einen Fehler gemacht hatte, korrigiert werden musste und es dann richtig macht, sondern bestärken Sie es häufig bei richtigem Verhalten. Steht es eine Minute brav am Anbinder oder gibt auf Anhieb den Huf hoch, gibt es anfangs öfter und später noch ab und zu ein Lob und Leckerli dafür.

Lass dich führen – egal wohin

Ein gut erzogenes Pferd geht mit seinem Menschen überall hin. Es hält oder wechselt seine Position beim Führen, so wie sein Mensch es mit feinen Signalen dirigiert, ob von rechts, links, dahinter, daneben oder davor, nah oder auf Abstand. Es hält und geht wieder los auf Kommando. Es lässt sich an Alltagsdingen, wie Mülleimern, Autos oder fremden Pferden, ohne großes Gedöns vorbeiführen. Es rempelt die Führperson nicht an und reißt sich nicht los – auch nicht, wenn es sich erschreckt. Auf diese konzentrierte Art wird das Führtraining zur grundlegenden Beziehungsarbeit. Ein Pferd, das sich leicht und sicher führen lässt, ist auf einem guten Weg, auch in anderen Bereichen ein höfliches Pferd zu werden.

Los geht's

Pferde unter sich gehen nur selten auf gleicher Höhe nebeneinander her. Das Fohlen folgt seiner Mutter seitlich eher auf Höhe der Mittel- oder Hinterhand und auf schmalen Pfaden laufen die Pferde einer Herde im Gänsemarsch hintereinander. Wir Menschen möchten jedoch, dass das Pferd neben uns flüssig mitläuft, wir auf seiner Kopf-

Die Grundposition beim Führen.

oder Schulterhöhe. So hat man das Pferd immer im Blick und kann rechtzeitig bremsend oder treibend einwirken. Das »Neben-dem-Menschen-Gehen« müssen Pferde also erst lernen.

Als Ausrüstung brauchen Sie ein Halfter, einen Führstrick und eine Gerte. Für den Anfang üben Sie an einem vertrauten, ruhigen Ort, an dem sich Ihr Pferd und Sie ungestört konzentrieren können. Fassen Sie das Führseil ca. 7–10 cm unterhalb des Hakens. Die vom Pferd abgewandte Hand hält das in »Hasenohren« gelegte Seilende und die Gerte. Halten Sie den Führarm leicht weggestreckt, damit das Pferd mit einem kleinen Sicherheitsabstand neben Ihnen hergeht.

Losgehen im Schritt

Die Führposition hinter dem Pferdeauge wirkt vorwärtstreibend. Drehen Sie beide Schultern nach vorne in die Bewegungsrichtung und schauen Sie das Ziel an, zum Beispiel die nächste Ecke. Nun zupfen Sie mit leichter Vorwärts-Abwärtstendenz an Führseil oder Führkette, um das Pferd aufmerksam zu machen. Dazu geben Sie laut und deutlich das Stimmkommando »an« (oder ein anderes kurzes, prägnantes Kommando, das Ihnen leicht über die Lippen kommt). Gleichzeitig tippen Sie das Pferd mit der Gerte an, je nach Pferdegröße am Bauch, etwa dort, wo der treibende Schenkel liegen würde oder bei kleineren Pferden seitlich unten an der Kruppe. Geht das Pferd los, geben Sie sofort keine Signale mehr und gehen ruhig mit ihm weiter. Das Pferd soll am leicht durchhängenden Seil neben seinem Menschen hergehen und seine Position halten, also weder langsamer werden und zurückfallen, noch überholen.

Möchten Sie das Tempo verlangsamen, drehen Sie die vom Pferd abgewandte Schulter leicht nach vorne. Bremsend wirkt der Mensch, wenn er vor dem Pferdekopf geht oder steht, mit beiden Schultern dem Pferd zugedreht und dabei das Pferd anschaut. Je weiter er nach vorne kommt, desto deutlicher ist die bremsende Wirkung. Dabei bleiben Sie einen Schritt bzw. eine Armlänge seitlich vom Pferdekopf.

Das Pferd eilt

Wird das Pferd zu eilig, kann die Gerte seinen Fluchtraum nach vorne begrenzen.
Bewegen Sie die Gerte etwa einen halben Meter vor dem Pferdekopf langsam rhythmisch auf und ab, das schafft eine optische Mauer. Bleiben Sie in

Die Führposition vor dem Pferdeauge wirkt bremsend.

der Führposition vor dem Pferdeauge, gehen Sie aufrecht und betont ruhig. Drängelt das Pferd hartnäckig weiter, drehen Sie die Gerte um und tippen mit dem Gertenknauf an das Buggelenk auf der von Ihnen abgewandten Seite.

Das Pferd schleicht

Geht das Pferd zu langsam für Ihren Geschmack, bleiben Sie in der treibenden Position deutlich hinter dem Pferdeauge. Achten Sie unbedingt darauf, nicht vor das Pferd zu geraten und am Strick zu ziehen, bis der Hals lang und länger wird! Gehen Sie selbst mit mehr Elan, werden Sie langsam schneller, aber laufen Sie dem Pferd nicht davon. Es soll sich Ihrem Tempo anpassen. Tut es das nicht, kann es möglicherweise momentan (noch) nicht schneller gehen. Gerade Pferde mit steil gewinkelten Hinterbeinen machen von Natur aus kurze Schritte und wenn sie es eiliger haben, fallen sie in einen kurzen Zuckeltrab. Diese Pferde müssen erst lernen, längere Schritte zu machen und die Trittfrequenz zu steigern.

Finden Sie das natürliche Tempo des Pferdes heraus, mit dem es ohne Druck und Hektik über ein längeres Stück gehen kann und fordern es immer wieder auf, sein Tempo ein wenig zu beschleunigen. Dazu treiben Sie leicht mit der Gerte, bis es beschleunigt. Dann setzen Sie sofort die Hilfe aus. Wird es wieder langsamer, treiben Sie erneut. Üben Sie nicht zu lange: Das ungewohnte schnellere Laufen kostet viel Konzentration und ist anstrengend. Hier sind wieder häufiges Lob (Leckerli im Laufen geben) und viele Pausen gefragt.

Verspannung aus Unsicherheit kann ein weiterer Grund für »schleichen« sein. Zeigt das Pferd Stressanzeichen (dreieckiges Auge mit Sorgenfalten, in sich gekehrter Blick) sollten Sie kein höheres Tempo forcieren, sondern viele Steh- und Denkpausen einlegen. Fördern Sie die Entspannung durch Kopf senken lassen und Abstreichen mit der Gerte.

Das Pferd klemmt

Das Pferd möchte gar nicht erst loslaufen und »friert ein«? Besonders Nordponys reagieren so auf Stress und zu viele Eindrücke in ihrem Umfeld. Machen Sie einen Ausfallschritt zur Seite und nehmen Sie den Pferdekopf mit. Dabei gerät das Pferd aus dem Gleichgewicht und muss einen Seitwärtsschritt machen, aus dem man das Vorwärts entwickeln kann. Notfalls probieren Sie das mehrmals hintereinander.

Seitenwechsel

Die Kavallerie-Zeiten sind glücklicherweise vorbei, also gibt es keinen Grund mehr, alles mit und am Pferd von links zu tun und das Pferd schmerzhaft schief und einseitig werden zu lassen. Etwa 85 % der Pferde sind in ihrer natürlichen Schiefe links

3 Phasen des Anhaltens ...

hohl und werden durch ständiges Von-links-Führen noch viel schiefer. Gewöhnen Sie sich an, abwechselnd von beiden Seiten zu führen.

Anhalten und ruhig stehenbleiben

Führen Sie das Pferd zum Anhalten deutlich vor dem Pferdeauge. Die letzten Schritte drehen Sie Ihre Schultern dem Pferd zu, machen einen Schritt zur Seite bis Sie das Pferd anschauen und halten die Gerte quer vor seine Brust als optische Begrenzung. Hält es noch nicht, zupfen Sie leicht an der Führleine und tippen mit der Gerte das von Ihnen abgewandte Buggelenk an. Gleichzeitig geben Sie das Stimmkommando zum Anhalten. Ob Sie dafür »Halt«, »Steh« oder »Woah« verwenden ist völlig egal – Hauptsache immer dasselbe Signal und ein mit eher tiefer Stimme beim Ausatmen langgezogen gesprochenes Wort. Ziehen Sie nicht am Strick, das veranlasst Ihr Pferd nur zum Gegenzug, und es läuft erst recht weiter. Sobald es anhält, nehmen Sie die Gerte sofort weg und lassen das Führseil lose herabhängen. Ganz wichtig: loben nicht vergessen!

Achten Sie darauf, dass Pferdehals und -kopf gerade bleiben, die Halswirbelsäule also genau die Verlängerung der Brust- und Lendenwirbelsäule darstellt.

Klappt das Anhalten zuverlässig, dehnen Sie das Stillstehen etwas länger aus. Stillstehen ist für mich in der Pferderziehung etwas so Grundlegendes wie bei Menschen »Bitte« und »Danke« sagen lernen.

Nach dem Anhalten stellen Sie sich dazu etwa eineinhalb Meter vor Ihrem Pferd auf und bleiben entspannt mit durchhängendem Führstrick stehen. Macht Ihr Pferd ungefragt einen oder mehrere Schritte, geben Sie erneut das bekannte Stimmkommando und bewegen die Hand mit der Gerte in Richtung Brust. Sobald es wieder steht, gehen Sie auf Ihr Pferd zu und schicken es durch Antippen mit der Gerte auf die Brust einige Schritte zurück bis zum Ausgangspunkt. Sobald es dort einige wenige Sekunden ruhig steht, loben Sie ausgiebig und beenden die Lektion für diesen Tag.

... Position des Ausbilders weit vor dem Pferdekopf, Schultern deutlich dem Pferd zugedreht.

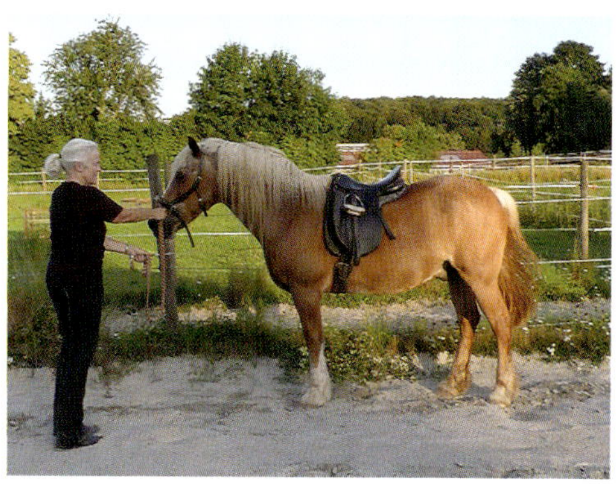

Angebunden stehen

Prinzipiell sollte man jedes Pferd im täglichen Umgang an jedem geeigneten Ort anbinden können. Leider widerspricht das Ausschalten der Fluchtmöglichkeit der Überlebensstrategie eines Fluchttieres. Das ist der Grund, warum viele Pferde mit Angst, Herumzappeln oder Sich-rückwärts-in-den Strick-Hängen reagieren – ganz besonders, wenn sie bereits schlechte Erfahrungen gemacht haben. Umso wichtiger ist es, diese Lektion mit besonderer Sorgfalt einzuüben.

Fohlen sollten wegen ihrer noch instabilen Halswirbelsäule noch nicht fest angebunden werden. Die Vorübung zum Anbinden kann man mit ihnen jedoch bereits machen. Auch für alle anderen Pferde hat sie sich bewährt: Ziehen Sie das Anbindeseil durch den Ring oder führen es um den Balken und halten es in ihrer (behandschuhten) Hand. Zieht das Pferd dagegen, geben Sie sanft nach, aber nur so weit, dass ein leichter Zug bestehenbleibt. Locken Sie das Pferd wieder einen Schritt nach vorne, damit der Zug aufhört. So lernt das Pferd, wie es sich selbst aus dieser unangenehmen Situation befreien kann.
Üben Sie an einem ruhigen Ort ohne Störungen, damit es sich nicht erschreckt.

Zieht das Pferd trotzdem in Panik rückwärts, ist also nicht mehr ansprechbar, geben Sie den Strick solange nach, bis der Zug aufhört und das Pferd wieder ruhig steht. Solche Paniksituationen sollten möglichst vermieden werden, da ängstlich veranlagte Pferde andernfalls schnell ein Anbindetrauma entwickeln können. Das ist nicht nur gefährlich für ihre eigene Gesundheit, sondern verkompliziert den Umgang dauerhaft.

Meine Islandstute brachte so ein Trauma schon mit und ist trotz geduldigen Übens zeitlebens nicht sicher anbindbar. Bis mir das klar wurde, hatte sie leider in ihrer Panik bereits eine Offenstallwand zerlegt, einen dünnen Baum herausgerissen, einen Zweierpferdeanhänger verzogen und sich dabei (oder möglicherweise in einer früheren Situation) einen Schaden an der Halswirbelsäule zugezogen. Solche Pferde sollte man nur mit Sicherheitssystem anbinden, zum Beispiel mit Halftern, deren Genick- und Nasenstücke aus Gummiband bestehen, oder mit dazwischengeschalteten Plastikclips, die sich bei starkem Zug öffnen.

Entspannung auf Knopfdruck

Steigern Sie die Anbindedauer langsam und hängen Sie auch mal ein Heunetz hin, damit Anbinden positiv besetzt wird. Zappelige, scharrende Pferde, die nicht zu Panik neigen, ignorieren Sie einfach. Auch Ermahnungen und Korrekturen bedeuten Aufmerksamkeit und bestätigen das Pferd darin, weiterzuhampeln bis jemand kommt – denken Sie an den Klassenclown! Beschäftigen Sie sich in der Nähe mit Misten, Fegen oder Sattelzeug-Putzen, bis das Pferd ruhig steht. Dann loben Sie und beenden die Übung. Später, auf langen Ausritten, Wanderritten, Lehrgängen und ganztägigen Wettbewerben ist es sehr nützlich, wenn das Pferd sich angebunden auf »Knopfdruck« entspannt, einen Hinterhuf aufstellt und dösend ausruht.

Der Mensch als Störfaktor

Fast alle Pferde sind Meister des Kaloriensparens. Neben dem Fressen verbringen sie die meiste Zeit ihres Lebens mit Ausruhen. Sie schlafen nur kurze Zeit im Liegen. Umso mehr brauchen sie ihre Ruhephasen im Stehen, die sich über rund ein

Fünftel ihres Tagesablaufs hinziehen. So dösen sie oft stundenlang entspannt an einem Lieblingsplatz. Ruhiges Stehen ist also für ein Pferd normal – solange es seine eigene Entscheidung ist.

Bei vielen Pferden klappt dieses entspannte Stehen nur, bis der Mensch ins Spiel kommt. Kaum ist das Halfter angezogen, wird gehampelt, gedrängelt, auf dem Strick gekaut, gescharrt – alles, nur nicht ruhig gestanden. Beim Putzen und im täglichen Umgang finden manche Menschen ihr zappeliges Pferd vielleicht nur etwas nervig und anstrengend. Spätestens beim Tierarzt- oder Hufpflegetermin wird das Gehampel zu einem echten Problem. Egal ob auf dem Putzplatz, beim Waschen, Satteln, Reiten oder im Gelände gilt deshalb: Kommt das Kommando »Halt« (oder was immer Sie wählen) soll sich das Pferd zuverlässig anhalten und parken lassen und dabei im Idealfall auch entspannen.

Der pferdige Zappelphilipp ist oft nur das Abbild seines gestressten Menschen. Nach einem hektischen Arbeitstag muss zwischen Einkaufen und Abendverabredung noch schnell das Pferd trainiert werden. Wer ständig so unter Zeitdruck lebt, kann sich kaum noch von seiner inneren Unruhe frei machen. Und so nimmt man sie unbewusst mit zum Pferd und wundert sich, warum es plötzlich angespannt und hektisch wird. Pferde sind sensible, einfühlsame Wesen und für Schwingungen aus ihrem Umfeld sehr empfänglich. Der erste Schritt zu einem ruhigen und gelassenen Pferd fängt deshalb bei Ihnen selbst an. Lassen Sie sich Zeit zum Ankommen im Stall, atmen Sie tief ein und aus, zentrieren Sie Ihre Gedanken auf das »Hier und Jetzt« und trainieren Sie möglichst nur ohne Zeitdruck mit »open end«.

Einfangen lassen

»Lavena komm« und trippeltrappel trabt ein erwartungsfrohes Pony aus der hintersten Ecke der Weide her zu mir und steckt den Kopf ins Halfter. Nicht jedes Pferd kommt so freudig zu seinem Reiter, wenn er es ruft. Das hängt von seinen kürzlichen oder auch früheren Erfahrungen und seinem Charakter ab. Läuft das Pferd weg und man muss länger »Fangen spielen«, um es von der Koppel zu holen, sollte man Ursachenforschung betreiben. Passiert das nur einmal, gab es vielleicht beim letzten Reiten oder im Umgang eine Unstimmigkeit, die ihm Stress und Unbehagen verursacht hat. Vielleicht steht es einfach noch nicht lange auf der Koppel und möchte lieber weiter frisches Gras fressen.

Stehenbleiben und sich ohne Meckern aufhalftern lassen sollte jedoch bei jedem Pferd funktionieren, denn nicht immer kann man Rücksicht nehmen auf die aktuelle Gemütslage des Pferdes und dessen persönliche Vorstellungen zur Tagesgestaltung. Ein Tierarzt oder Hufpfleger kann und will nicht stundenlang warten und unseren spektakulären Fangversuchen zusehen, bis er mit der Behandlung beginnen kann. Ein Pferd, das sich sicher einfangen lässt – oder, noch besser, auf Zuruf sogar herkommt – ist außerdem ein großer Vorteil, wenn sich Pferd und Reiter ungeplant trennen, zum Beispiel bei einem Sturz im Gelände.

Zeigt das Pferd regelmäßig deutlich, dass es lieber nicht mit seinem Reiter mitgehen möchte, stimmt sehr wahrscheinlich grundsätzlich etwas nicht im Umgang und im Verhältnis Pferd-Mensch. Die Gründe dafür sollte man herausfinden und möglichst abstellen. Am wichtigsten finde ich dabei die grundsätzliche Einstellung: Ich wünsche mir, dass mein Pferd gerne mit mir zusammen ist und mit mir gemeinsam schöne Dinge unternehmen und eine angenehme Zeit erleben möchte.

Besuchen Sie Ihr Pferd auch mal »nur so« auf der Koppel, vielleicht mit einer Futterschüssel (wenn das ohne Lebensgefahr wegen der anderen Pferde möglich ist) oder mit ein paar Leckerlis. Bleibt es nach ein paarmal in freudiger Erwartung stehen und lässt Sie gelassen herankommen, ziehen Sie das Halfter an, geben ein Leckerli und lassen es wieder los. Beim nächsten Mal führen Sie es vor dem Loslassen und Leckerli-Geben ein paar Meter usw.

Hoch das Bein – Hufe geben lernen

Die Hufpflege sollte für Pferd und Mensch entspannt und stressfrei möglich sein. Dazu muss das Pferd lernen, jeden Huf bereitwillig auf Kommando zu geben und solange wie nötig oben zu halten. Wenn sich das Pferd dabei unwohl fühlt, zappelt, ausschlägt oder sich mit dem ganzen Gewicht auf das hochgenommene Bein legt, ist das nicht nur für Pferd und Mensch nervig und anstrengend, sondern kann auch gefährlich werden. Auch der Hufbearbeiter ist dankbar, wenn er ohne viel Anstrengung und gefahrlos am Pferd arbeiten kann. Deshalb gehört das Hufe-Geben eigentlich schon für Fohlen zur Grunderziehung. Den gewünschten Huf problemlos hochzunehmen sollte jederzeit, auch unangebunden oder auf der Koppel möglich sein. Dafür muss das Hufe-Geben positiv besetzt und angstfrei trainiert werden.

Für das Fluchttier Pferd bedeutet es eine potenzielle Gefahr, nur auf drei Beinen zu stehen und die Kontrolle über eins seiner Beine abzugeben. Eine zweite Schwierigkeit ist das Gleichgewicht, gerade bei jungen, unausbalancierten Pferden mit wenig Körpergefühl.

Ich stelle mich grundsätzlich mit dem Rücken zum Pferdekopf zum Hufe-Aufnehmen. Für alle Tätigkeiten rund um Bein und Huf, bei denen das Bein am Boden stehenbleiben soll, stehe ich andersherum mit dem Blick zum Pferdekopf. So lernt das Pferd von Anfang an zu unterscheiden, ob es das Bein heben oder stehenlassen soll.

Nun beginnen Sie, das Pferd an der Schulter zu streicheln, fahren dann am Vorderbein herunter. Tippen Sie mit der Hand ein paarmal gegen das Röhrbein oder gegen die Fessel, bis das Pferd den Huf anhebt. Passiert nichts, haben Sie Geduld und tippen weiter das Bein an. Bei robusten, erdverbundenen Pferdetypen wie Kaltblütern oder Nordponys kann man vorsichtig mit dem Plastikgriff des Hufkratzers gegen das Röhrbein klopfen. Warten Sie ab, ob das Pferd eins oder mehrere der anderen drei Beine bewegt, um sich stabil hinzustellen. Anschließend wird es wahrscheinlich den angefragten Huf von alleine geben. Tut sich nichts, tippen Sie immer wieder an das gewünschte Bein, bis das Pferd zumindest das Gewicht auf die anderen Beine verlagert. Dann können Sie das Bein mit möglichst wenig Kraftaufwand hochnehmen.
Halten Sie das Bein anfangs immer nur ganz kurz fest und bleiben mit dem Huf dicht über dem Boden. Dann setzen Sie es sanft mit der Hufspitze voran wieder auf dem Boden ab und es gibt Lob und Leckerli.
Klappt das Hufe-Geben auf Bein-Antippen, können Sie das gewünschte Stimmkommando etablieren.

Bein bewusst abstellen

Lassen Sie den Huf nicht einfach los. Knallt er ungebremst auf harten Boden, kann im Extremfall das Hufbein brechen! Eine Übung, die das Gefühl für die einzelnen Beine verbessert, ist das bewusste Abstellen: Bewegen Sie den aufgehobenen Huf in kleinen Kreisen dicht über dem Boden, bevor Sie den Huf sanft auf dem Boden absetzen. Gleichzeitig kommt das Kommando »ab«. Drückt das Pferd gegen Ihre Bewegungen oder zieht den Huf wieder hoch, machen Sie wieder kleine Kreise, bis es lockerlässt. Sobald der Huf auf dem Boden steht, gibt es Lob + Leckerli.

Die Übung »Huf abstellen auf Kommando« ist auch sehr nützlich, wenn das Bein bandagiert oder verbunden werden oder Mauke behandelt werden soll.

Vorbereitung auf die Hufbearbeitung

Viele Pferde haben Schwierigkeiten, ein Bein länger oben zu halten bzw. länger auf drei Beinen zu stehen. Oft liegt das an mangelnder Balance und fehlendem Körpergefühl, vor allem für die Hinterbeine. Je weiter das Pferd am Boden ausgebildet wird, vor allem mit Stangen- und anderen Geschicklichkeitshindernissen, desto besser wird sein Körpergefühl. Auch spezielle Berührungen an den Beinen wie der Octopus TTouch nach Linda Tellington-Jones können dafür hilfreich sein.

Oft liegt das Gezappel auch am Aufheber. Leider sieht man immer noch viele Reiter und Hufbearbeiter, die fest auf dem Boden stehende Hufe unter Zwang hochreißen, unbequem zu weit oben halten (vor allem bei Ponys) und viel zu lange hochgehalten lassen. Geben Sie dem Pferd eine Chance, sich bequem und stabil hinzustellen, bevor es den Huf von alleine gibt und halten den Huf in einer für das Pferd angenehmen Höhe, auch wenn das für Sie anstrengender ist!

Verlangen Sie anfangs immer nur kurze Intervalle mit aufgenommenem Huf. Zappelt das Pferd herum, halten Sie den Huf möglichst fest, sonst hat das Pferd den Lerneffekt: »Wenn ich nur genug rumhample, hört das unangenehme Hufe-Geben auf.« Steht das Pferd (wieder) ruhig, setzen Sie das Bein sofort sanft auf dem Boden ab, loben und geben ein Leckerli. Gerade bei jungen Pferden, die noch nicht gut im Gleichgewicht sind, sollten Sie viele Pausen einlegen. Das tut auch Ihrem Rücken gut!

Wahrscheinlich werden Sie bemerken, dass Ihr Pferd ein Vorderbein leicht und auf Anhieb gibt und das andere nur sehr ungern. Gerade bei Jungpferden zeigt sich hier oft die Händigkeit, da das Pferd nicht von seinem bevorzugten vorderen Standbein herunter, das Gewicht also nicht auf das Spielbein verlagern möchte.

Ist das Pferd links hohl und Rechtshänder, gibt es wahrscheinlich den rechten Vorderhuf ungern. Hier kann direkt nach dem Anheben des Hufes ein mit der freien Hand mutig blind nach hinten gereichtes Leckerli Wunder wirken. Hat das Pferd die Höflichkeitserziehung beim Leckerli-Nehmen erfolgreich durchlaufen, ist Ihre Hand hinterher ziemlich sicher noch heil. Halten Sie das Leckerli schon in der linken Hand bereit, dann werden Sie staunen, wie prompt der Huf nach wenigen Malen auf Kommando hochkommt. Steigern Sie die Zeit des Oben-Haltens langsam. Lässt das Pferd den

Schweifarbeit.

Huf ohne zu zappeln und wegzuziehen oben, bekommt es nach dem Absetzen wieder ein Lob und Leckerli.

Möchte ein Pferd auch nach längerem Training immer das gleiche Bein nicht geben oder zappelt nur dabei herum, könnte ein gesundheitliches Problem dahinterstecken, das mit einem Tierarzt oder Osteopathen abgeklärt werden sollte.

Nützliche Vorübungen für den Tierarztbesuch

Regelmäßige Impfungen, Blut abnehmen, Fieber messen, Zähne raspeln, Wunden nähen, Beine röntgen – an solchen eher unangenehmen Erlebnissen kommt kein Pferd vorbei. Mit gezieltem Training für die häufigsten Untersuchungen und Behandlungen können Sie den Stress für Ihr Pferd, den Tierarzt/die Tierärztin und sich selbst deutlich reduzieren.

Was jedes Pferd lernen sollte

Jedes Pferd sollte sich ohne sofortige Abwehrreaktionen an jedem Körperteil berühren und abtasten lassen. Üben Sie nebenher beim Putzen und im alltäglichen Umgang, die Ohren berühren, einen Finger in die Nüstern und eine Hand ins Maul stecken, den Schweif anheben usw. bis diese Berührungen zur Routine werden.

Maularbeit.

Lässt Ihr Pferd das alles von Ihnen gelassen mit sich machen, bitten Sie einige Reiterfreunde, das Gleiche mit Ihrem Pferd zu üben. Natürlich bleiben Sie dabei und loben das Pferd für braves Verhalten.

Kommt der Tierarzt zu einem anderen Pferd auf den Hof, bitten Sie ihn, Ihrem Pferd kurz »Guten Tag« zu sagen, über die Nase zu streicheln und ein Leckerli zu geben. So wird seine Person nicht nur mit unangenehmen Ereignissen verknüpft.

Gewöhnung an die häufigsten Untersuchungsabläufe

Fieber messen/Tupferprobe/Schlauch reinigen

Der Genitalkomplex ist auch bei Pferden ein sensibles Thema. Viele Pferde finden es sehr unangenehm, an diesen Stellen berührt zu werden, versuchen wegzulaufen, wehren sich, schlagen aus oder ziehen den Schlauch einfach in unerreichbare Tiefen ein.

Schweifarbeit als Vorbereitung für Fiebermessen und Tupferprobe

Stellen Sie sich schräg hinter das Pferd und nehmen Sie den Schweif sanft in beide Hände. Heben Sie den Schweif leicht an und ziehen ganz leicht und vorsichtig nach hinten. Das lockert die Muskulatur an der Wirbelsäule und wirkt entspannend auf das Pferd.

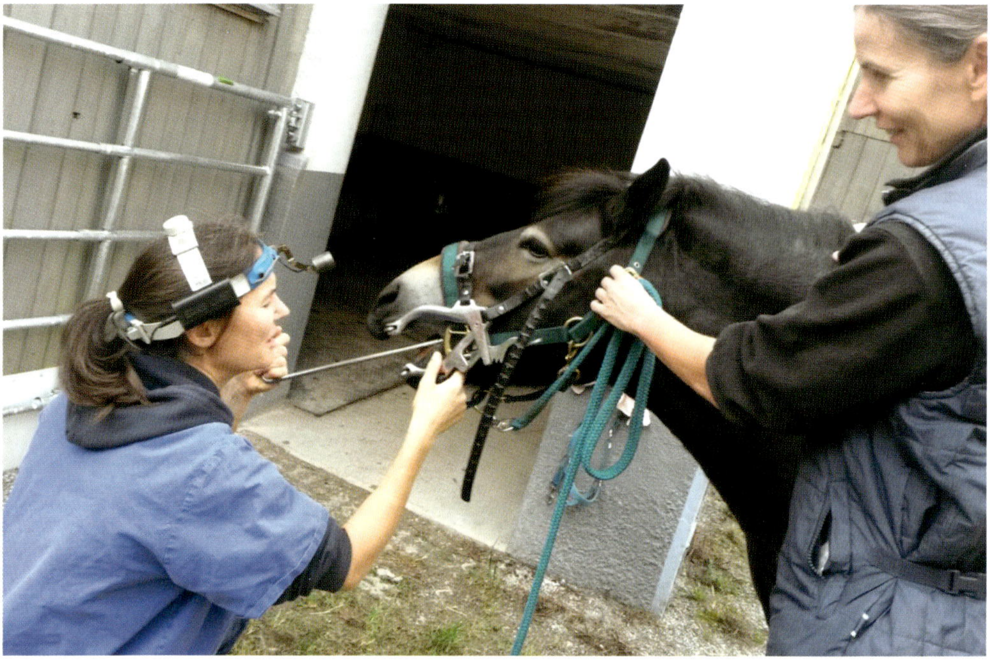

Nach gründlichem Vorüben ist die Behandlung beim Pferdezahnarzt kein Problem. Kleine Korrekturen können sogar ohne Sedierung ausgeführt werden.

Klemmt das Pferd schon bei Berührung den Schweif ein, heben Sie ihn nur an einer Handvoll Schweifhaaren von der Schweifrübe ein winziges Stück an und bewegen ihn sehr sanft und langsam ganz wenig hin und her, bis das Pferd lockerlässt.

Ist das Pferd entspannt und »gibt« Ihnen den lockeren Schweif, können Sie mit Schweifkreisen beginnen. Dazu wird der Schweif mit der Hand von unten leicht angehoben, so dass die Schweifrübe ein wenig gebogen ist (Bogen zeigt nach hinten, Schweifrübenspitze ist näher am Pferd) und langsam kreisförmig bewegt.

Lässt sich das Pferd das alles gut gefallen, beginnen Sie vorsichtig, das Pferd am After und bei Stuten auch an der Scheide zu berühren. Am besten, ein Helfer steht am Kopf und belohnt das Pferd, wenn es ruhig stehen bleibt. Der nächste Schritt ist das Berühren mit dem Fieberthermometer und schließlich Fiebermessen. Zum Fiebermessen machen Sie das Thermometer mit etwas Vaseline oder notfalls Spucke gleitfähig. Halten Sie das Thermometer die ganze Zeit fest, solange es im Pferd steckt, damit es nicht im Darm verschwinden kann.

Schlauch reinigen

Die meisten Wallache und Hengste mögen keine Untersuchungen oder gar Reinigungsmaßnahmen an ihrem »besten Stück«. Es gibt auch keine akti-

Zunge vorsichtig herausziehen und sanft halten.

ve Möglichkeit, ein Pferd zum Ausschachten zu bewegen. Bei manchen Pferden hilft leichtes Streicheln im umliegenden Gebiet, am besten, wenn es entspannt in der Sonne steht. Notfalls können Sie den Schlauch reinigen und auf Veränderungen untersuchen, während das Pferd wegen einer anderen Behandlung sowieso sediert ist, dabei hängt der Schlauch wegen der geringen Körperspannung locker herunter.

Sag mal Aaaahh

Um das Pferd an Berührungen im Maul zu gewöhnen, fahren Sie mit der flachen Hand unter die Oberlippe und streichen sanft über das Zahnfleisch. Als nächstes kommt der Unterkiefer dran. In der Oberlippe haben Pferde eine Menge Kraft und Geschick, Unerwünschtes loszuwerden. Passen Sie deshalb auf, dass Ihre Hand nicht zwischen die Zähne geschoben wird! Nach kurzer Zahnfleischmassage gibt es → Lob und Leckerli.

Um das Maul zu öffnen fassen Sie mit der Hand seitlich an den Laden hinein und spreizen die Finger. Bei leicht geöffnetem Maul können Sie vorsichtig! die Zunge in die Hand nehmen und leicht seitlich herausziehen. Jetzt kann eine zweite Person mit der Taschenlampe ins Maul hineinschauen, ob Verletzungen oder Zahnprobleme zu erkennen sind. Vorsicht vor den großen Zähnen, besonders bei den Hengstzähnen bei Wallachen und Hengsten! Immer nur kurz üben und dann → viel Lob und Leckerli.

Spritze geben und Blut abnehmen lassen

Impfungen und andere subkutane (in die Unterhaut) oder intramuskuläre (in den Muskel) Spritzen werden am häufigsten in die Brustmuskulatur, am oberen Hals oder in die Kruppenmuskulatur gesetzt. Üben Sie den ganzen Ablauf einer Spritzaktion: Die Stelle mit einem feuchten Tuch abreiben oder mit Desinfektionsspray besprühen. Eine Hautfalte hochziehen und mit einer Spritze ohne Nadel berühren. Leicht auf den Brustmuskel klopfen und dann mit der Spitze der Spritze leicht hineindrücken usw. Besetzen Sie das ganze Prozedere mit positiven Erfahrungen durch viel Lob und Leckerli!

Zum Blutabnehmen staut der Tierarzt meist die Halsvene in der Drosselrinne. Das können Sie durch kurzes, vorsichtiges Hineindrücken mit dem Finger üben.

Maulspritze.

Unsere Tierärztin erzählte von einem wirklich schwierigen Pferd einer Kundin, das sich überhaupt nicht behandeln lassen wollte und dabei gefährlich wurde. Diese Pferdebesitzerin fand eine erfolgreiche Methode, indem sie vor und während der Behandlung kleine Aufgaben abfragte, zum Beispiel den Untersuchungskoffer mit der Nase zu berühren, und die Ausführung belohnte.

Geräte auf dem Boden

Röntgengeräte, Zahnbehandlungskoffer und ähnliche mittelgroße Geräte, die ganz plötzlich an bekannten Stellen auftauchen, ähneln fatal einem kauernden Raubtier – findet zumindest meine Islandstute. Hat Ihr Pferd auch diesen Verdacht, sollten Sie gelegentlich fremde Dinge dieser Größe an bekannten Stellen im Paddock platzieren. Bodenarbeitsübungen auf dem Reitplatz mit solchen Hindernissen reichen nicht aus, das Pferd muss lernen, auch im heimischen Umfeld mit solchen Monstern zu rechnen.

Schermaschine und Inhaliergerät: die brummenden Monster

Bei der Vorbereitung mancher Untersuchungen und Behandlungen kommt die Schermaschine in dem betroffenen Bereich zum Einsatz. Schwierig, wenn das Pferd sich schon dabei aufregt ... Dann wird auch die anschließende Untersuchung oder Behandlung problematisch.

Gewöhnen Sie Ihr Pferd besser im Vorfeld an das Geräusch und an die Berührung mit dem Gerät. Dazu eignet sich eine kleine Menschen-Haarschneidemaschine mit Akku, die man zum Beispiel beim Paddock-Abmisten eingeschaltet in der Tasche tragen kann und die später dann immer näherkommt, bis das Pferd damit abgestrichen werden kann.

Ähnlich geht man bei Inhaliergeräten vor. Die Gewöhnung an das Geräusch sollte noch gründlicher betrieben werden, da panisches Entziehen bei aufgesetzter Maske in Kabel- und Schlauchsalat, einem defekten Gerät und einem noch ängstlicheren Pferd enden kann.

An regelmäßigen Wurmkuren kommt kein Pferd vorbei und eine Maulspritze (ohne Nadel) ist äußerst praktisch, um flüssige oder aufgelöste Medikamente oder Futterzusätze ins Pferd zu bekommen. Üben Sie solange täglich, bis das Pferd beim Anblick der Maulspritze schon begeistert danach rüsselt. Die meisten Pferde lieben Süßes und lassen sich mit einer lecker gefüllten Spritze schnell überzeugen.

Sie brauchen mehrere 5, 10 oder 20 ml Spritzen ohne Nadel (Apotheke), da die Spritzen nach ein paar Mal Benutzen kaputtgehen. Probieren Sie, was Ihr Pferd mag, indem Sie ihm eine Testportion zum Schlecken in der hohlen Hand anbieten. Einige Vorschläge:

Apfelmus, Apfelsaft, Mohrrübensaft, in etwas Wasser aufgelöster Zuckerrübensirup, Zuckerwasser, Malzbier, Bananenmus, Pflaumenmus usw.

Nach einer Wurmkur oder einem eklig schmeckenden Medikament sollten Sie, sobald das Pferd geschluckt hat, eine leckere Spritze hinterherschieben, dann bleibt die Lust auf Maulspritzen erhalten.

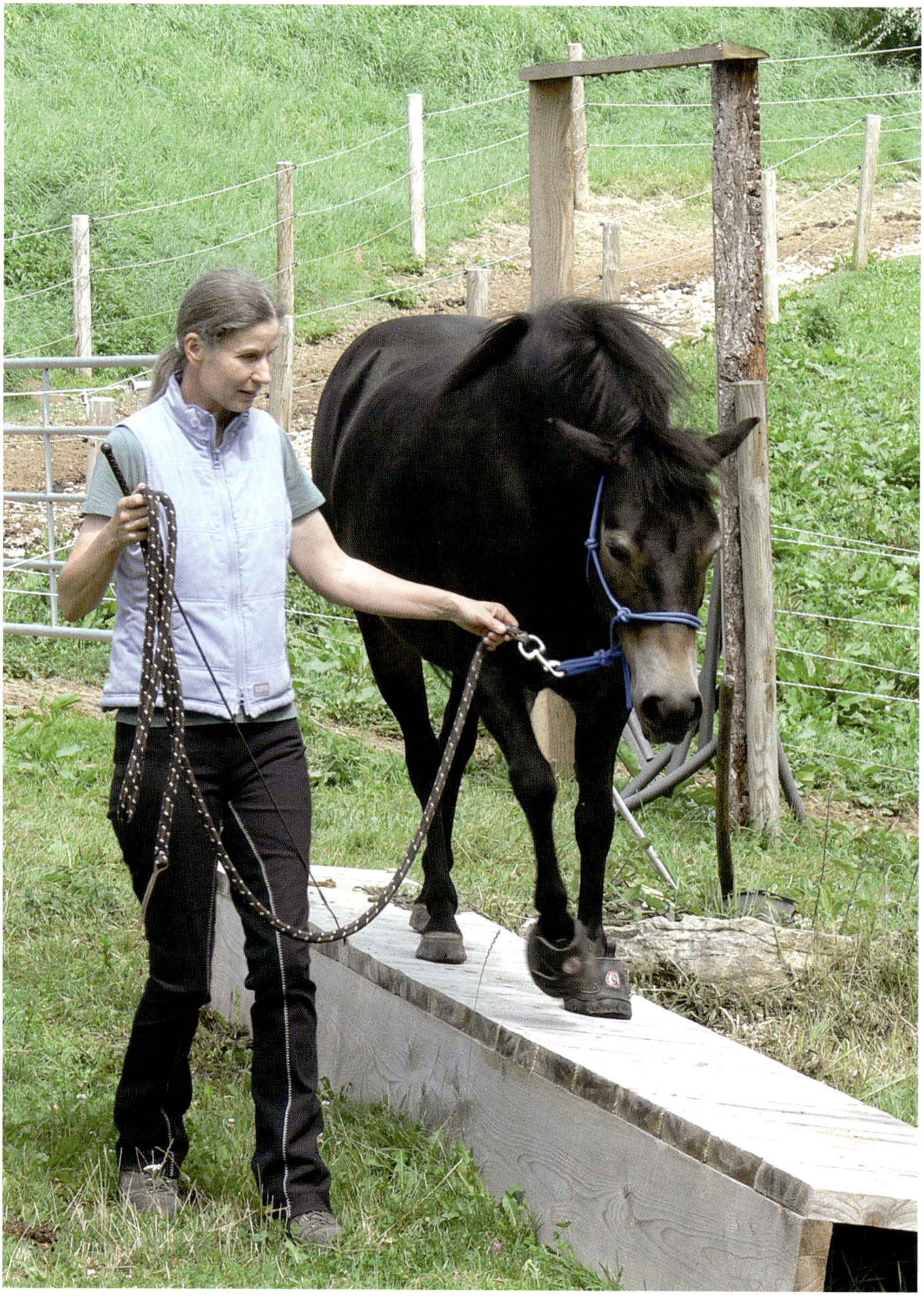

Bodenarbeit

Nach dem erfolgreich gelernten Jungpferde-ABC kann der pferdige Schüler durch aufeinander aufbauende Ausbildungsschritte am Boden auf das Reiten vorbereitet werden. Bodenarbeit ist ein bewährter Weg, das Jungpferd mental, physisch und emotional zu schulen, bevor man sich in den Sattel setzt.

Nicht alle dieser Schritte sind zwingend nötig, um ein Pferd anzureiten. Ich empfehle aber zumindest die Grundlagen der Bodenarbeit zu erarbeiten, also ein erweitertes Führtraining über verschiedene Hindernisse mit dem Etablieren wichtiger Stimmkommandos wie »An« (= Losgehen), »Halt«, »Trab«, Schritt usw. und eine gewisse Abhärtung auf Umweltreize mittels Schrecktraining.

Wenn Sie lieber möglichst bald reiten möchten, gebe ich Folgendes zu bedenken: Am Boden wird die Vertrauensbasis geschaffen, mit der man viele potenziell gefährliche Situationen von vorneherein vermeiden oder unbeschadet lösen kann! Dazu kommt der gesundheitliche Aspekt: Damit ein Pferd schadensfrei einen Reiter tragen kann, muss es erst die passende Muskulatur aufbauen und seine Körperbeherrschung und sein Gleichgewicht trainieren. Das lässt sich neben der Bodenarbeit als Basis gut durch klassische Handarbeit und Longieren gezielt vorbereiten.

Ab welchem Alter ist Bodenarbeit möglich?

Jungpferde bis drei Jahre sollten auf großen Weiden in der Herde aufwachsen dürfen. Am besten, die Herde besteht aus Pferden aller Altersstufen, dann übernehmen die älteren Pferde die Erziehung des Jungspunds und die jungen toben gemeinsam herum. Grunderziehung durch den Menschen wie Führen, Anbinden, Hufe geben, Putzen und erste kurze (wenige Minuten!) Bodenarbeitsübungen ein- oder zweimal pro Woche sind gut und sinnvoll. Ab ca. drei Jahren ist das Pferd geistig schon reifer und in der Lage, sich etwas länger zu konzentrieren. Bei den meisten Drei- bis Vierjährigen ist die Konzentrationsfähigkeit spätestens nach 20 Minuten vorbei.

Bei der Bodenarbeit begegnen sich Pferd und Mensch auf gleicher Ebene, bewältigen gemeinsam vielseitige Aufgaben und lernen dabei aufeinander zu achten und durch Körpersprache zu kommunizieren. Bodenarbeit ist eine wunderbare Möglichkeit, sich intensiv mit seinem Pferd zu beschäftigen und so eine vertrauensvolle Beziehung aufzubauen.

Die Ausbildung Ihres Pferdes am Boden hat im Grunde längst begonnen, beim täglichen Umgang, beim Führen, Von-der-Koppel-Holen oder am Putzplatz. Die Steigerung dieses bewussten Umgangs ist die gezielte Bodenarbeit.

Die Übungen können teilweise schon mit einem ein- oder zweijährigen Pferd durchgeführt werden, da sie keine große körperliche Belastung verlangen, sondern eine positive Entwicklung fördern. Doch auch in den Wochen vor dem Anreiten kann man mit Bodenarbeitstraining beginnen und das Pferd damit ohne unnötige Angst und Gefahrensituationen zum vertrauensvollen Partner ausbilden.

Bei der Grundausbildung am Boden lernt das Jungpferd ganz unabhängig von der späteren Reitweise die wichtigsten Verhaltensregeln: Geduld, Gehorsam und Aufmerksamkeit, Körperkoordination, Konzentrationsfähigkeit wie auch die Fähigkeit, auf feine Stimm-, Gerten- und Körpersignale des Menschen zu reagieren. Das Pferd wird gelassener und lernt mitzudenken. Lektionen fürs Reiten, zum Beispiel geschlossenes Stehen und Seitengänge, kann man auch als nicht so versierter Reiter sehr gut vom Boden aus erarbeiten, da man jeden Schritt sieht und kontrollieren kann.

Der zweijährige Pasomix darf den Parcours spielerisch erkunden.

Ausrüstung

Die Sicherheit für Mensch und Pferd sollte immer im Vordergrund stehen!
Festes Schuhwerk mit Profilsohle garantiert einen sicheren Stand. Eine sehr gute Wahl sind knöchelhohe Wanderschuhe, die durch ihren festen, gepolsterten Schaft den Knöchel vor dem Umknicken und vor fehlplatzierten Hufen schützen oder Sicherheitsschuhe mit Stahlkappe. Dünne, griffige Handschuhe schützen vor schmerzhaften Verbrennungen an der Hand, falls das Pferd erschrickt und Ihnen dabei den Strick durch die Hände zieht.

Gut geeignet ist ein stabiles, gut sitzendes Halfter aus festem Material ohne viel Polsterung und ohne extrabreites Plüsch-Nasenband. Ein zu weiches wabbeliges Halfter lässt keine exakte Einwirkung zu. Falls Sie eine Führkette benutzen möchten, sollte das Halfter runde Ringe haben, da sich die Kettenglieder in den eckigen Ringen verklemmen können. Die Länge des Genickstücks wird so eingestellt, dass der Nasenriemen etwa zwei Finger breit unterhalb des Jochbeins liegt. Für eine klare Einwirkung muss der Nasenriemen eng anliegen. Zwischen Nase und Nasenriemen sollten nicht mehr als zwei bis drei Finger passen. Ist das Halfter zu groß, wird das äußere Backenstück bei seitlicher Einwirkung ans oder sogar ins Auge gezogen.

Sie brauchen ein gut passendes Halfter.

Ein zu weites Halfter kann bei seitlicher Einwirkung ins Auge gehen!

Die richtige Verschnallung von Führkette bzw. Lamaleine.

Die Führkette – Instrument für die feine Arbeit

Präzise Arbeit erfordert eine präzise Hilfengebung. Bis das Pferd gelernt hat, auf feinste Zeichen zu reagieren, empfehle ich, eine Führkette zu benutzen. Die Führkette wird so über dem Nasenrücken verschnallt, dass sie seitlich wirkt.

Die Führkette darf nicht zu kurz sein: Die Kette sollte 80 cm, die Führleine etwa 2,50 m lang sein. Sie wird zunächst folgendermaßen eingeschnallt: Einfädeln ins Halfter-Nasenband – kreuzen des Nasenbandes – herrausführen aus der gegenüberliegenden Öse, durch den Ring am Unterkiefer führen – Karabiner am letzten Kettenglied einhängen.

Bei büffeligen oder heftigen Pferden kann die korrekt über der Nase eingeschnallte Führkette der Beginn einer klaren Verständigung sein. Hat das Pferd gelernt, dass es sich in unangenehmen Situationen losreißen kann, bringt ein energischer Ruck an der Führkette im richtigen Moment oft den Durchbruch zu sinnvoller Überzeugungsarbeit. Die Kette ist jedoch ein sehr eindeutiges Instrument und kann dem Pferd bei falschem Gebrauch Schmerzen zufügen. Sie gehört nur in die Hände von Menschen, die verantwortungsbewusst und beherrscht damit umgehen! Die weichere Version für sensible Pferde ist ein dünnes

Seil anstelle der Kette (von Linda Tellington-Jones »Lamaleine« genannt).
Ob Führkette über der Nase oder Halfter mit Fellüberzug: Jeder »Zaum« ist nur so hart oder weich wie die Hand, die sie benutzt!

Knotenhalfter

Knotenhalfter aus rundem festem Seil wirken etwas schärfer als Gurthalfter und etwas sanfter als eine Führkette. Auch sie müssen unbedingt passen, damit nichts reibt oder ins Auge geht. Auch hier soll das Nasenteil etwa zwei Finger breit unter dem Jochbein sitzen. Der Kehlriemen sollte nicht zu weit oben eingestellt werden und genauso wie das Nasenteil eng genug sein, damit das Backenstück bei seitlicher Einwirkung nicht ins Auge gezogen wird. Zwei bis drei Finger sollten noch zwischen Kopf und Halfter passen. Das doppelt gelegte Nasenstück zwischen den seitlichen Knoten sollte so lang sein, dass die Backenstücke hinter (und nicht auf) den Jochbeinen liegen. Leider sieht man oft viel zu tief hängende oder zu weite schlabbernde Knotenhalfter, selbst bei den »Profis« im Fernsehen. Mit Geduld und Spucke lassen sich die Knoten verschieben, wenn das Halfter noch nicht lange benutzt wurde und festgezogen ist. Passiert das Gegenteil, ist das Material des Seils zu rutschig; die Knoten lockern sich immer wieder und das Halfter wird dadurch zu weit. In dem Fall können Sie den Diamantknoten unterm Kinn mit stabilem Garn und einer Stopfnadel festnähen.

Zum Schließen des Halfters nutzt man einen Sicherheitsknoten, der sich nicht festzieht. Dazu wird das Ende des Genickstücks durch die Schlaufe des Backenstücks gezogen und um die

Gut sitzendes Knotenhalfter mit Verschlussknoten.

Schlaufe geschlungen (nicht um den Genickriemen). Dabei zeigt das Ende immer nach hinten, damit nichts ins Auge geht. Binden Sie das Pferd niemals am Knotenhalfter an, das stabile Seil reißt nicht, wenn sich das Pferd darin verfängt oder in Panik rückwärts reißt!

Führseil und Gerte

Seile mit Panikhaken sollten höchstens in sicher eingezäunten Übungsplätzen benutzt werden. Sie können sich versehentlich öffnen, wenn man schnell nachfassen muss und den Verschluss erwischt. Bullsnaps oder andere schwere Haken schwingen durch die Gehbewegung mit und können sensible Pferde aus dem Gleichgewicht bringen. Angenehm und sicher sind stabile Karabinerhaken und ein etwas längeres (2,50 bis 3 oder höchstens 4 Meter), nicht zu dickes und schweres Seil.

Gemeinsam geht alles leichter.

Eine normale 1,10-m-Gerte (kleines Pferd, eher großer Mensch), ansonsten besser eine 1,20-m-Dressurgerte, vervollständigt die Ausrüstung. Sie braucht keine besondere Farbe zu haben und sollte nicht zu weich sein, damit Ihre Signale auch da ankommen, wo Sie touchieren wollen. Sie sollte aus der Position neben der Pferdeschulter mühelos bis auf die Kruppe reichen. Ist sie zu lang oder zu »wabbelig«, ist eine präzise Einwirkung kaum möglich. Das Fädchen am Ende der Gerte sollte noch vorhanden sein, damit kann man dem Pferd besonders feine Touchierhilfen geben.

Trainingsumfeld

Für die Bodenarbeit eignet sich am besten ein fest eingezäunter Reitplatz, eine Reithalle oder eine ebene, eingezäunte Wiese mit kurzem Gras. Der Boden sollte griffig und nicht zu tief sein.

Zum Kennenlernen der Reitbahn und der Hindernisse üben Sie einige Male gemeinsam mit einem anderen ruhigen Pferd, am besten einem vertrauten Herdenkumpel. Unsichere und ängstliche Pferde, die noch wenig Vertrauen zum Menschen haben und stark an anderen Pferden kleben, können alleine auf dem Übungsplatz in Aufregung oder sogar in Panik geraten. Lernen ist so unmöglich, der Umgang mit dem Menschen und der Übungsplatz werden negativ besetzt. Mal davon abgesehen, dass es seine und die Gesundheit des Menschen gefährdet, wenn es sich losreißt, kopflos hin und her rennt und versucht, Zäune zu überwinden.

Der erfahrene Pferdekumpel wird anfangs im ruhigen Tempo über den ganzen Übungsplatz in großen Bögen um alle Hindernisse herumgeführt. Der Neuling folgt mit etwas Abstand. Erschrickt er vor einem Hindernis, bleiben beide Pferdeführer kurz stehen, der Ängstliche darf das Hindernis kurz anschauen, dann gehen beide ruhig weiter. Nicht tröstend zureden, sonst wird das Pferd darin bestätigt, dass es einen Grund für seine Angst gibt. Ruhig und gleichmäßig atmen, im Takt weitergehen und ängstliches Verhalten ignorieren.

Später reicht die bloße Anwesenheit des Pferdekumpels, der irgendwo in der Bahn steht, während das Jungpferd die Aufgaben bewältigt. Fühlt es sich entspannt und sicher auf dem Übungsplatz, das zeigt sich zum Beispiel durch Abschnauben, eine gleichmäßige Atemfrequenz, einen ruhigen Schritt, einen weichen Blick ohne Sorgenfalten über den Augen, können Sie es alleine probieren. Das Jungpferd hat nun schon gelernt, sich zu konzentrieren. Bei leichter Aufregung hilft das betont langsame, schrittweise Überwinden der Hindernisse mit häufigem Lob und Leckerli.

Grundübungen

Wir erinnern uns an die wichtigsten Grundsätze für das Führen aus Kapitel 2:

Die Führposition hinter dem Pferdeauge wirkt vorwärtstreibend, bremsend wirkt der Mensch, wenn er vor dem Pferdekopf geht.

Führpositionen

Die Grundposition

Bei der Grundposition befindet sich der Kopf des Pferdes etwa auf Schulterhöhe des Menschen. Das Führen auf Kopfhöhe hilft dem Pferd, gerade und im Gleichgewicht zu bleiben. So haben Sie das Pferd immer im Blick und können rechtzeitig bremsend oder treibend einwirken.

Das Führseil oder die Führkette sollte nicht zu stark durchhängen, sonst ist der Weg bis zur Einwirkung zu weit und das Signal kommt ruckartig und unsanft am Pferdekopf an. Aber: Kein Dauerzug auf Kette oder Seil, sonst stumpft das Pferd ab!

Die Grundposition beim Führen.

Touchieren auf der Kruppe als Signal zum Losgehen.

Hilfen verfeinern

Zum Losgehen kombinieren Sie anfangs die Gertenhilfe mit dem Stimmkommando, dem eigenem Antreten und falls nötig einem Nach-Vorne-Zupfen der Führleine. Reduzieren Sie nach und nach die Hilfen, bis das Pferd alleine auf Gerte und Stimme antritt. Das ist besonders wichtig, wenn Sie mit einem Jungpferd arbeiten. Das Pferd soll ja später schließlich auf Kommando losgehen, wenn Sie aufgesessen sind.

Die Führposition »Dreieck« ist ideal zum Treiben und für eine bessere Kontrolle der Hinterhand. Sie gehen etwa auf Höhe des Pferdekopfes (später auch auf Schulter- bis Bauchhöhe), mit einem Abstand von 1–1,5 m zum Pferd. Führleine in der linken Hand, Gerte in der rechten (bzw. anders herum). Die Gertenspitze zeigt auf die Hinterhand des Pferdes. Aus dem Dreieck wird später auch das Longieren entwickelt.

Hinterhand aktivieren

In der Dreiecksposition ist sehr gut zu sehen, ob und wie weit die Hinterhufe über die Spur der Vorderhufe treten und ob das Pferd beide Beine gleich hochhebt. Schiefe, Verspannungen und Beinprobleme des Pferdes kann man mit etwas Übung an der Art des Auffußens feststellen. Das geradegerichtete, sprich gut gymnastizierte, Pferd tritt auf geraden und gebogenen Linien mit den Hinterhufen in die Spur der Vorderhufe oder – wenn es gut untertritt – weiter nach vorne, aber auf der gleichen Linie. Anfangs tritt fast jedes

Die Führposition »Dreieck«.

Pferd mit einem Hinterhuf seitlich versetzt auf oder etwas kürzer. Das ist meist durch die natürliche Schiefe bedingt und kann durch die gymnastizierende Arbeit im Laufe der Ausbildung verbessert werden. Ist die Schiefe stark ausgeprägt und Sie möchten die Fortschritte überprüfen, lohnen sich Videoaufnahmen in einigen Wochen Abstand zum Vergleich.

Antraben

Wenn Sie die ersten Male antraben wollen, geht das am einfachsten mit einem Helfer, der vorsichtig von hinten nachtreibt (nicht in Reichweite der Hinterbeine!).

Wenn Sie genügend Geschick haben, lassen Sie Ihr Pferd durch Treiben mit der Gerte auf der Kruppe in der Dreiecksposition antreten und wechseln dann in die Grundposition. Üben Sie erstmal im Schritt und laufen Sie dabei! Machen Sie große Schritte, um Ihr Pferd nicht durch eigenes Hasten zu beunruhigen.

Beim Antraben entsteht bei vielen Pferden eine gewisse Spannung, die sich durch ein paar kleine Hüpfer oder wildes Kopfschlenkern entladen kann. Solange das Pferd nicht wild am Strick zieht oder sich gar losreißt und – ganz wichtig – Sie nicht durch Schlagen oder Beißen gefährdet, ignorieren Sie diese kurzen Übermutsanfall einfach und gehen stoisch in Ihrem eigenen Takt und Tempo weiter. Wird es zu schnell, tippen Sie es zum Bremsen mit der Gerte am äußeren Buggelenk an.

Trab an der Hand.

Schaffen Sie es nicht mehr, deutlich vor das Pferd zu kommen, um es mit klarer Körpersprache verlangsamen zu können, lassen Sie es eine Volte um Sie herum traben.

Weigert sich das Pferd vehement anzutraben, prüfen Sie, ob Sie zu nah dran sind oder zu weit vorne gehen und ihm dadurch gefühlt den Weg ins Vorwärts versperren.

Sobald das Pferd die Stimmhilfe »Terab« kennt, können Sie natürlich auch in der Grundposition antraben. Bewegen Sie den äußeren Arm mit der Gerte außen um den eigenen Körper herum, um eine feine, federnde Gertenhilfe zu geben und passen Sie auf, nicht aus Versehen gleichzeitig an der Führleine zu ziehen.

Die Position »Stabilisieren«

Hat ein Pferd so wenig Respekt vor dem Menschen, dass es ihn beim Wegspringen anrempelt oder umrennt oder ist es extrem ängstlich, sollte es anfangs in der Position »Stabilisieren« von zwei Seiten geführt werden.

Zwei Personen mit jeweils einer Gerte führen das Pferd von beiden Seiten. Das Pferd trägt ein Halfter mit zwei Führketten oder einen Kappzaum, in dessen seitliche Ringe zwei Führseile eingehängt

Führen von beiden Seiten.

sind. Diese Position kann bei ungebärdigen, unsicheren, panischen oder verdorbenen Pferden die Rettung sein. Wegspringen, Umrennen oder Losrennen lassen sich durch die Einwirkung von links und rechts besser kontrollieren. Das optische Einrahmen gibt dem Pferd zudem das Gefühl von mehr Sicherheit. Wenn beide Führpersonen Kontakt halten, kann das Pferd nicht in die Führleine beißen, an Taschen herumspielen und Ähnliches. Es wird auch nicht schaffen, sich loszureißen, denn dazu müsste es den Hals nach außen biegen.

Gehen Sie beide etwa einen Schritt vor dem Pferdekopf. Halten Sie etwas Abstand zum Pferd, greifen Sie die Führleine nicht zu nah am Halfter und versuchen Sie trotzdem, einen leichten Kontakt zu halten. Das Ende der Führleine befindet sich in der Gertenhand, die Gerte wird deutlich vor dem Pferd in Augenhöhe getragen.

Beim Führen auf einer gebogenen Linie bewegt sich der Partner auf der Außenseite weiter vorne, der innere kontrolliert die Geschwindigkeit durch Antippen des Buggelenks oder ruhiges Bewegen der Gerte weit vor den Pferdeaugen und Zupfen am Führseil (wie zum Anhalten, nur sachter). Der außen Führende muss lange Schritte machen, um vor dem Pferd bleiben zu können.

Das Pferd wird von beiden Führpersonen eingerahmt, in der Wendung schauen beide in die neue Richtung. Die Gerte weist deutlich in die Bewegungsrichtung.

Die Position »Gegenüber«

Zum Rückwärtsrichten und für alle Übungen, bei denen das Pferd kontrolliert einzelne Schritte vorwärts oder seitwärts gehen soll. Stellen Sie sich leicht seitlich versetzt vor das Pferd, so dass Sie aus der Schusslinie sind, falls es mit dem Vorderbein nach der Gerte schlagen oder unkontrolliert vorwärts büffeln sollte.

Rückwärtsrichten in der Position »Gegenüber«

Die Hilfen zum Rückwärtstreten sind die Steigerung derer zum Bremsen. Um dem Pferd das Geradeausgehen beim Rückwärtstreten leichter zu machen, können Sie anfangs an der Bande oder an einem Zaun üben, um eine seitliche Begrenzung zu haben, oder Sie bauen sich eine Gasse aus Cavallettis oder höher gelegten Stangen.

Sie stehen deutlich vor dem Pferd, fast frontal zu ihm. Tippen Sie mit der Gertenspitze auf die Brust oder das Buggelenk und geben Sie einen Rückwärts-Impuls am Führseil. Steht das Pferd vorne offen, tippen Sie auf die Brustseite, auf der das Bein weiter vorne steht. Reagiert das Pferd nicht gleich, geben Sie laufend weitere Gertentipps auf Brust oder Buggelenk und kleine Impulse am Führseil, solange bis es eine Bewegung macht. Bei dickfelligen Exemplaren kann man mit dem seitlich gehaltenen Gertenknauf tippen. Bei jeder Reaktion des Pferdes, auch wenn sie noch so klein ist, sofort den Druck wegnehmen und loben! Das

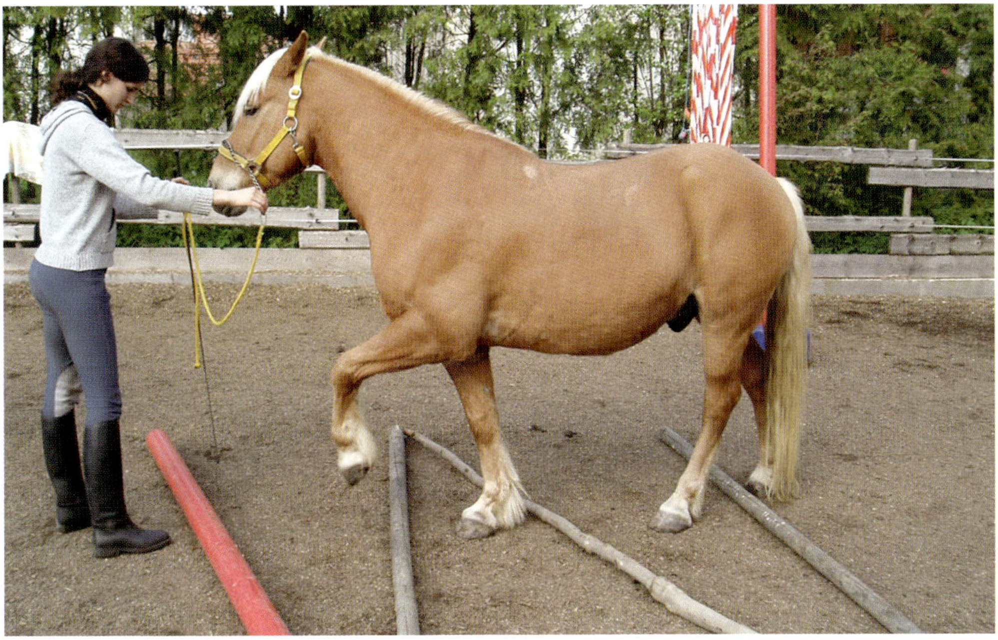

Die Führposition »Gegenüber«.

gleichzeitig gegebene Stimmkommando »zurück« können Sie einführen, sobald das Pferd auf die Gertenhilfe rückwärts tritt.

Fragen Sie anfangs immer nur einzelne Rückwärtstritte ab. Fällt dem Pferd das Rückwärtsgehen leichter, lassen Sie es flüssig, aber nicht hektisch mehrere Tritte rückwärts treten. Um eine gymnastizierende Wirkung zu erreichen, soll das Pferd bei dieser Übung den Rücken aufwölben und ruhig und kontrolliert rückwärtsgehen. Dazu lassen Sie das Pferd den Kopf bis etwa auf Höhe des Buggelenks senken.

Damit es geradeaus rückwärtsgeht, muss der Hals gerade sein.

Vorsicht: Hektisches Rückwärts mit hohem Kopf, weggedrücktem Rücken und steifen Beinen kann zu Rückenverspannungen und Widersetzlichkeit führen!

Korrektes, gesundes Rückwärtsrichten hat drei Kriterien:

1. Diagonale Fußfolge (wie im Trab, darum die Bezeichnung Rückwärts**tritte**)

Das rechte Vorderbein und das linke Hinterbein treten gleichzeitig rückwärts. Das Hinterbein wird deutlich angehoben und wieder aufgesetzt.

2. Die richtige Silhouette

Kopf und Hals sind richtig positioniert, sodass der Rücken des Pferdes locker arbeiten kann. Das Genick und der Hals sind schön gebogen, die Nasenlinie ist annähernd in der Senkrechten.

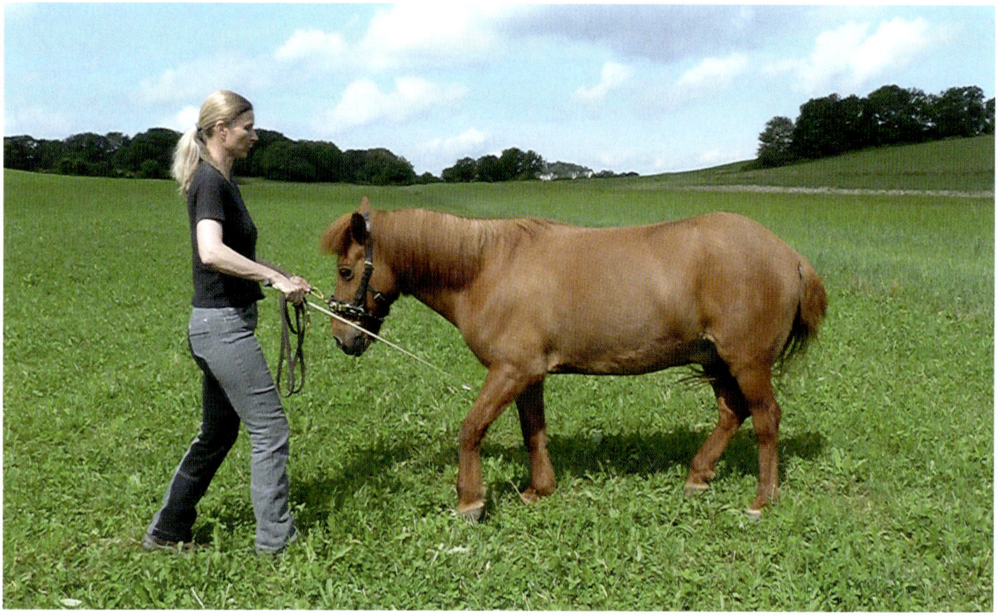

Rückwärtsrichten: mit diagonaler Fußfolge, zweckmäßiger Haltung und geradeaus.

3. Gerade

Das Pferd tritt möglichst gerade rückwärts. Nutzen Sie deshalb anfangs eine seitliche Begrenzung. Tritt Ihr Pferd schief zurück, liegt das meist an seiner natürlichen Schiefe. Ist das Pferd beispielsweise links hohl, geht die Hinterhand auf die linke Seite. Achten Sie darauf, dass Kopf und Hals gerade bleiben oder stellen Sie es sogar leicht nach rechts.

Tritt Ihr Pferd nicht diagonal, sondern in einzelnen Schritten rückwärts, stimmt meist das Tempo nicht. Probieren Sie aus, welche Geschwindigkeit passend ist, meist ist es eine mittlere. Rhythmisches Sprechen (Zu-rück), eigenes Gehen und geschicktes Touchieren des Beines, das zu langsam tritt, schafft Abhilfe. Lässt sich das Problem so nicht beheben, sollten Sie das Pferd einem Osteopathen oder Chiropraktiker vorstellen. Taktstörungen beim Rückwärtsrichten können zum Beispiel auf Blockaden an der Wirbelsäule oder in verschiedenen Gelenken hinweisen.

Rückwärtsrichten als Strafe?

Vor allem im Springsport und bei manchen Westernausbildern grassiert immer noch die Unsitte, ein »ungehorsames« Pferd zur Bestrafung mit viel Druck in hohem Tempo rückwärts zu schicken. Außer Stress und Verspannung bringt das überhaupt nichts. Manche Pferde lernen dabei, sich in unangenehmen Situationen durch unkontrolliertes Rückwärtsrennen zu entziehen – sehr unerfreulich, wenn hinter einem ein Graben oder ein Elektrozaun lauert! Die Korrektur solcher Pferde ist langwierig und nicht ganz ungefährlich.

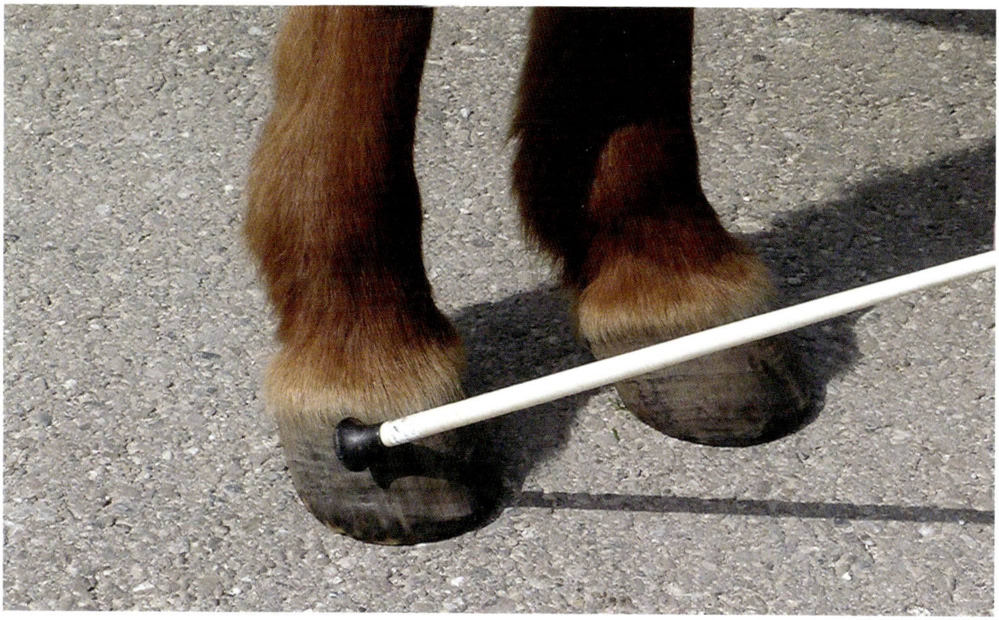

Mit der Gerte auf den Huf zu klopfen fördert das Körpergefühl.

Abstreichen mit der Gerte

Eine Übung für mehr Konzentration und ein verbessertes Körpergefühl.

Testen Sie behutsam, was Ihr Pferd von der Gerte hält. Dazu legen Sie die Gerte flach an der Pferdeschulter an und streichen in Haarwuchsrichtung mit langen, ruhigen Bewegungen und leichtem Druck am Körper entlang. Die meisten Pferde werden sehr aufmerksam, was da an ihrem Körper passiert und scheinen in sich hineinzuhorchen.

Nun streichen Sie das Pferd am ganzen Körper in langen Strichen sanft und langsam mit der flachen Seite der Gerte ab. Fahren Sie auch an den Beinen herunter bis zu den Hufen. Klopfen Sie zum Abschluss ruhig mit der Gertenspitze oder mit dem Knauf ein paarmal auf den Huf. Diese Übung fördert das Körpergefühl, und das Pferd lernt, auch Körperteile mit »langer Leitung« zum Gehirn, wie seine Hinterbeine, bewusst wahrzunehmen.

Seitwärts weichen

Jedes Pferd sollte seine Vorder- und Hinterbeine einzeln kontrolliert bewegen und dabei auch kreuzen können. Das fördert nicht nur das Körpergefühl, sondern dehnt und trainiert besonders durch das Kreuzen der Beine verschiedene Muskeln. Das sogenannte »Übertreten« ist Vorübung für die Seitengänge beim Dressurreiten sowie für einige Aufgaben im Trailparcours (z.B. seitwärts über Stangen gehen) und verschiedene Reininglektionen wie Spin und Rollback.

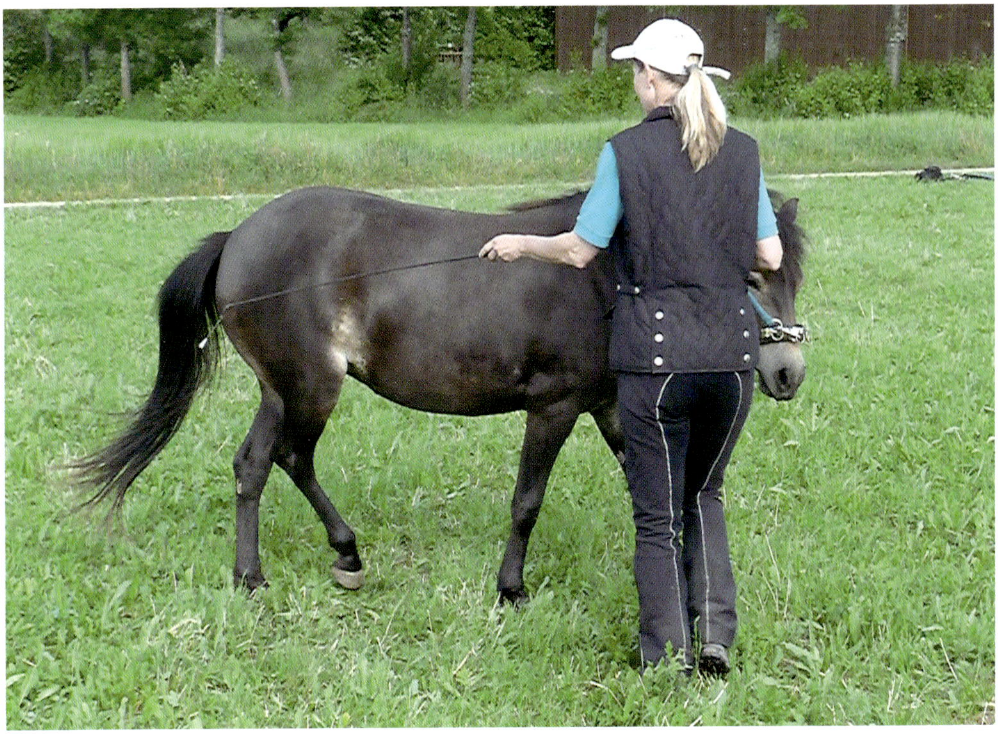

Die Hinterhand verschieben.

Hinterhand verschieben (Wendung um die Vorhand)

Sie stehen dem Pferd zugewandt auf Schulterhöhe in der Dreiecksposition, zunächst auf der linken Seite Ihres Pferdes. Geben Sie dem Pferd eine leichte Stellung nach links, streichen Sie die linke Körperseite einmal kurz mit der Gerte ab und touchieren dann das linke Hinterbein, bis es eine Reaktion zeigt und zur Seite tritt. Es macht nichts, wenn es anfangs dabei noch nicht kreuzt! Dann sofort aufhören zu touchieren und loben.

Fragen Sie zunächst immer nur einen Schritt ab, bis das Pferd zuverlässig mit dem inneren Bein vor dem äußeren Bein kreuzt. Dann nach und nach immer mehr Schritte, bis das Pferd flüssig eine 180-Grad- oder sogar eine 360-Grad-Wendung um die Vorhand schafft. Für jeden Schritt wird jedoch eine neue (möglichst feine) Hilfe gegeben. Das Pferd soll sich schließlich konzentrieren und auf die Hilfen reagieren, statt automatisch ohne größere Gehirnbeteiligung eine Lektion abzuspulen.

Tritt das Pferd ungefragt weiter seitwärts, können Sie es stoppen, indem Sie einen Schritt in Richtung Pferdekopf vortreten, den Pferdekopf von sich weg nach außen stellen und die äußere Schulter touchieren.

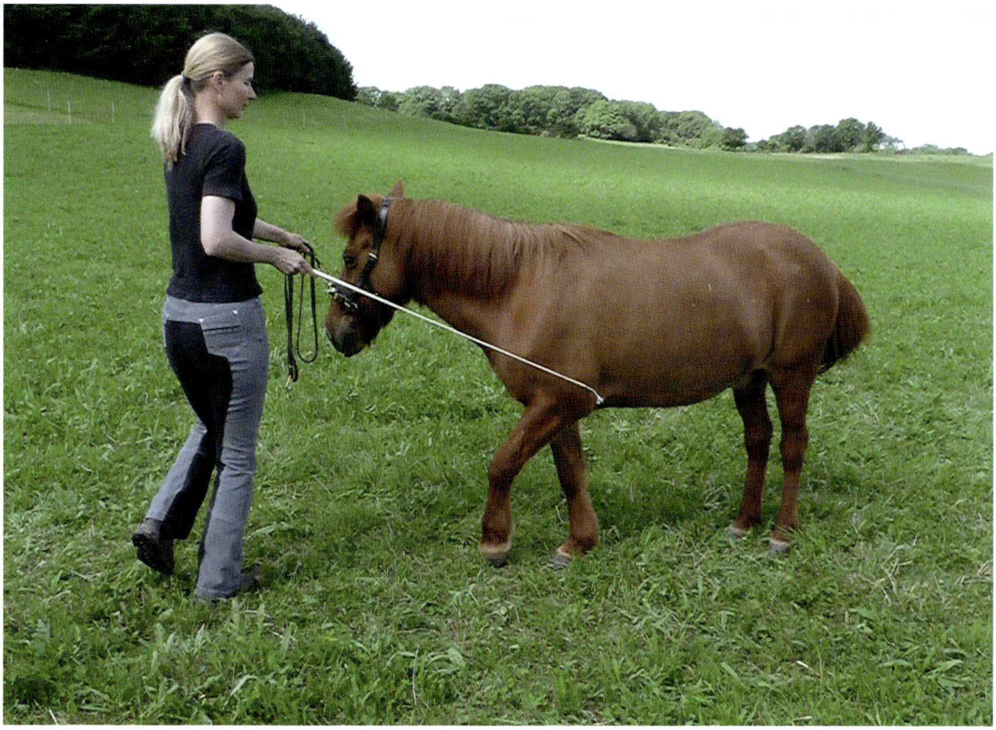

Die Vorhand seitlich verschieben.

Manche, besonders unsichere Pferde, bleiben anfangs wie erstarrt stehen oder drängeln sogar in die Gegenrichtung, was dummerweise auf uns Menschen stur wirkt. Anstatt den Druck durch stärkeres Touchieren zu erhöhen, stellen Sie lieber den Pferdekopf so weit nach innen, bis dadurch ein Schritt zur Seite ausgelöst wird. Loben Sie und geben Sie ein Leckerli. Beim nächsten Mal touchieren Sie gleichzeitig und probieren die Stelle zu finden, auf die Ihr Pferd am besten reagiert.

Vorhand verschieben (Wendung um die Hinterhand)

Die Hinterhandwendung in der Dressur ist eine wesentlich anspruchsvollere Übung. Das Pferd ist dabei in die Bewegungsrichtung gestellt und bewegt sich mit der Vorhand um die rhythmisch mittretende Hinterhand. Dazu muss das Pferd sein Gewicht auf die Hinterhand verlagern. Bevor man eine solche Lektion angehen kann, muss das Pferd auf jeden Fall Travers, Renvers und Traversale, das sind die Seitengänge, bei denen das Pferd in die Bewegungsrichtung gestellt ist, beherrschen. Wir verschieben also das Ausbilden dieser Lektion auf später.

Was wir jetzt schon üben, ist die Bewegung der Schultern des Pferdes nach links und rechts mit dem Ziel: die Vorderbeine überkreuzen sich (äuße-

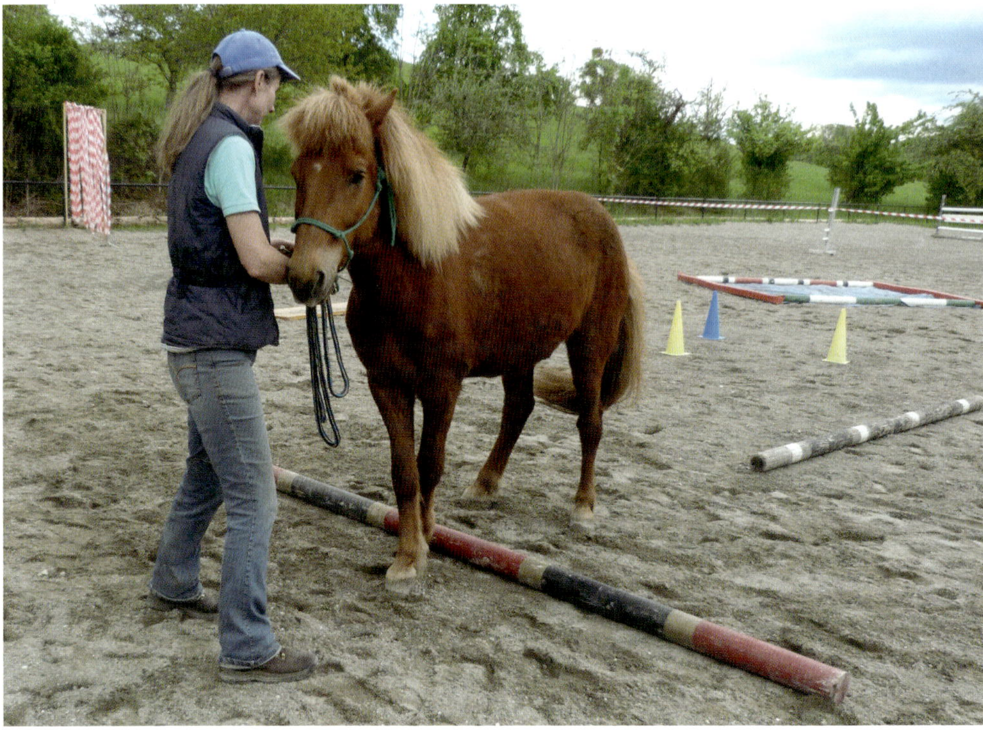

Seitwärts über eine Stange gehen.

res Bein über inneres Bein), die Hinterbeine treten auf der Stelle. Stellen Sie sich dazu in der Gegenüber-Position etwas versetzt vor das Pferd und fassen Sie das Führseil mit der linken Hand wenige Zentimeter unter dem Haken. Mit der rechten Hand streichen Sie den Hals und die Pferdeschulter mit der Gerte ab, um das Pferd auf diesen Körperteil aufmerksam zu machen. Nun zupfen Sie den Pferdekopf leicht nach links und touchieren die (von Ihnen aus gesehen) rechte Schulter, bis das Pferd sich zur Seite bewegt. Anfangs reicht eine winzige Gewichtsverlagerung oder Beinbewegung zur Seite, dann geben Sie sofort nach und loben.

Viele Pferde trauen sich zunächst nicht, die Beine zu kreuzen oder kreuzen falsch herum (inneres Bein = die Seite, auf die es gestellt ist, vor äußeres Bein). Steht das Pferd offen (ein Bein weiter vorne) lassen Sie es auf dieser Seite weichen, dann fällt es ihm leichter, mit dem richtigen Bein zu kreuzen. Hat das Pferd schon gelernt, auf Signal seine Beine einzeln zu bewegen, stellen Sie das Pferd so auf, dass das äußere Bein weiter vorne steht.

Klappt es gar nicht mit dem Beinekreuzen, können Sie selbst einen Seitwärtsschritt in die gewünschte Richtung machen und dabei Ihre Beine auffällig überkreuzen. Pferde lernen wunderbar durch Zuschauen und Nachmachen.

Hat das Pferd gelernt, sich mit der Hinterhand auf der Stelle zu bewegen, können Sie mehrere Schritte abfragen, jedoch wie bei der Vorhandwendung jeden Schritt auf eine neue Hilfe.

Das ganze Pferd seitwärts verschieben

Hier haben wir eine Vorübung für die Seitengänge und für Aufgaben im Trailparcours wie »seitwärts über eine Stange gehen«. Vorhand und Hinterhand sollen sich gleichzeitig gleich weit zur Seite bewegen, die Vorder- und Hinterbeine kreuzen sich dabei.

Ich stelle mir für diese Übung immer vor, die Vorderhufe und die Hinterhufe laufen jeweils nebeneinander auf Schienen, die von mir wegführen. Der Mensch steht auf Schulterhöhe, mit beiden Schultern dem Pferd zugedreht. Das Pferd muss in seiner Längsachse gerade gehalten werden. Legen Sie die Gerte flach der Länge nach an den Körper des Pferdes und touchieren es mit der ganzen Gertenlänge.

Hat das Pferd die Übung verstanden, reicht meist, es nur an der Gurtlage mit der Gerte anzutippen.

Kopf senken auf Signal

Das Kopfsenken auf ein Signal ist eine sehr nützliche Übung, die jedes Pferd schon am Anfang seiner Ausbildung lernen sollte. Es wirkt beruhigend und man kann damit sozusagen auf Knopfdruck Entspannung herstellen. Denn nur ein entspanntes Pferd nimmt den Kopf zum Dösen oder Grasen herunter. Ein aufgeregtes, fluchtbereites Pferd reißt den Kopf hoch, um das Gelände zu überblicken, spannt die Halsmuskeln an und drückt den Unterhals heraus.

Hat das Pferd die Übung und ihren angenehmen Effekt verstanden, verselbständigt sie sich manchmal sogar – mein erstes Pferd, eine nervöse Arabo-Haflingerstute, nahm ihren Kopf von alleine herunter in stressigen Situationen, wie zum Beispiel bei einer Untersuchung in der Pferdeklinik. Manche Pferde seufzen nach dem Kopfsenken erleichtert oder atmen tief aus.
Probieren Sie, auf welche Hilfe Ihr Pferd mit dem Kopf nach unten nachgibt: Möglicherweise folgt es ganz einfach Ihrer Hand vor seiner Nase bei der Bewegung nach unten. Dabei gehen Sie selbst ein wenig in die Knie, atmen tief aus und zeigen mit dem ausgestreckten Arm seitlich vor der Pferdenase in Richtung Boden. Falls das Pferd nicht in gewünschter Weise reagiert, versuchen Sie impulsartiges Nach-unten-Ziehen am Führstrick und bewegen den Pferdekopf dabei leicht seitlich hin und her. Auf reinen Zug nach unten kommt meistens Gegendruck. Manche Pferde geben auf Druck mit der Hand im Genick nach. Ganz halsstarrige Exemplare locken Sie mit einem Leckerli herunter. Füttern Sie das Leckerli von vorne-unten. Damit das Pferd länger unten bleibt, verzögern Sie die Leckerli-Gabe nach und nach ein wenig.

Führen Sie das Stimmkommando (zum Beispiel »Nase tiiieeef«) erst ein, wenn sich der Pferdekopf gesenkt hat. Solange das Pferd den Kopf hebt oder dagegen drückt, kann es nicht lernen, was »Tief« bedeutet. Mit der Zeit reicht ein Richtung-Boden-Zeigen mit der Hand oder ein leichtes Zupfen am Seil nach unten zusammen mit dem Stimmkommando. Möchten Sie diese wertvolle Übung auch im Sattel oder beim Longieren nutzen, konditionieren Sie Ihr Pferd auf das Stimmkommando alleine.

Kopf senken auf Kommando ist später auch beim Kennenlernen neuer Hindernisse nützlich.

Halten und Stillstehen für Fortgeschrittene

Anhalten und kurz stehenbleiben kennt Ihr Pferd schon von seiner Grunderziehung.

Nun sollte die Dauer des Stillstehens nach und nach auf mehrere Minuten ausgedehnt werden. Klappt das zuverlässig, üben Sie an belebteren Plätzen weiter. Ihr Pferd soll lernen, sich trotz eines lebhaften Umfeldes auf Sie zu konzentrieren und dabei gelassen stillzustehen. Beginnt das Pferd zu zappeln, korrigieren Sie es ruhig, aber bestimmt. Lassen Sie es immer wieder zwischendurch den Kopf senken, damit es sich entspannt.

Eher ruhige Zeitgenossen hampeln meistens nicht herum, sondern »schleichen« sich ganz dezent mit einzelnen kleinen Schrittchen davon. Reagieren Sie darauf nicht oder – noch schlimmer – weichen Sie unbewusst zur Seite aus, baut das Pferd seine eigenen Pläne bald weiter aus. Also auch kleine unerwünschte Schritte sofort ruhig und emotionslos zurückkorrigieren.

Und nicht vergessen: Loben und belohnen Sie richtiges Verhalten ausgiebig – so erhalten Sie sich die Motivation Ihres vierbeinigen Partners bei dieser nicht gerade spannenden Lektion.

Notbremse installieren!

Stellen Sie sich vor, Sie traben auf Ihrem kaum angerittenen, noch schlecht lenkbaren Jungpferd

durch die Reitbahn, plötzlich ertönt ein lautes Geräusch und das Pferd schießt erschrocken im Renntrab los. Auf Ihr lautes »Haalt« rammt Ihr Pferd seine Beine in den Boden und steht. Ist das nicht eine beruhigende Vorstellung? Zuverlässiges Halten auf Stimmkommando ist für mich eine Schlüsselübung, bevor ich mich die ersten Male auf ein Pferd setze!
Andere Situation: während Sie etwas aus der Sattelkammer holen, kniebelt Ihr am Putzplatz angebundenes Pferd den Knoten auf und macht sich gemächlich davon. Auf Ihr »Haalt« bremst es brav und lässt sich wieder einsammeln.

So üben Sie sicheres Anhalten auf das Stimmkommando »Haaalt« (oder wahlweise »Steeh«) als funktionierende Notbremse: Zum Anhalten benutzen Sie jedes Mal zusätzlich zu Körperdrehung und Gertensignal das gewählte Stimmkommando. Körperdrehung und Gertensignal werden mit der Zeit immer mehr reduziert, bis das Pferd auf das Stimmsignal allein anhält. Gehört Ihr Pferd zur lauffreudigen oder hibbeligen Fraktion geben Sie anfangs jedes Mal ein Leckerli, damit das Halten zur Lieblingsübung wird. Faultiere lieben die Übung sowieso, für sie reicht ein gelegentliches Leckerli zur Unterstützung. Als Ausgleich sollte bei den ruhigeren Vertretern immer wieder auch flottes Gehen belohnt werden.

Freies Stehen – »Bleiben«
Beim »Bleiben« lernt das Pferd, auf ein Signal unangebunden am Platz stehen zu bleiben, auch wenn sich der Mensch ein Stück von ihm entfernt. Realistisch gesehen kann man das freie Stehen ohne wegzulaufen vom Beutetier Pferd nur verlangen, solange es sich im unmittelbaren Einflussbereich des Menschen befindet. Irgendwo »Abstellen« und nach einer Viertelstunde wiederkommen, vergleichbar mit dem »Ablegen« des Rudeljägers Hund, funktioniert nicht.

»Ground Tying«
In manchen Ausbildungssystemen wird als Signal für das freie Stehen der offene Zügel bzw. der Führstrick auf den Boden gelegt. In Westernkreisen und auf Island ist es weit verbreitet. Dazu gibt es verschiedene Meinungen. Senkt das Pferd den Kopf, zum Beispiel zum Grasen, tritt auf das Seil und möchte beim nächsten Schritt den Kopf hochnehmen, gibt es einen heftigen Ruck am Halfter. Die Halswirbelsäule ist nicht sonderlich stabil und kann durch einen kräftigen Ruck schon einen Schaden davontragen. Tritt das Pferd auf den Zügel, ist das sehr unangenehm bis schmerzhaft im Maul. Ich befestige daher die Zügel immer sicher am Sattel bzw. lege das Führseil über den Rücken und nutze nur das Stimmkommando und meine Körpersprache als Signal.

Stellen Sie Ihr Pferd an einem ruhigen, umzäunten Platz ohne lockendes Gras ab. Für den Anfang ist eine U-förmige optische Begrenzung aus Stangen oder Cavaletti eine gute Hilfe. Bewegen Sie sich mit abwehrend ausgestreckten Händen einen Schritt rückwärts vom Pferd weg. Dreht es den Kopf und schaut Ihnen hinterher, korrigieren Sie Kopf und Hals, bis es wieder geradeaus guckt. Macht es einen Schritt, rangieren Sie es sofort ruhig wieder zurück auf seinen Platz. Nach und nach können Sie den Abstand vergrößern, in beide Richtungen um Ihr Pferd herumgehen und es später zum Beispiel am Putzplatz unangebunden stehen lassen.

Stangen als Begrenzung erleichtern den Beginn der Freies-Stehen-Übung.

»Bleiben« – Lavena richtet ihre Aufmerksamkeit auf mich und wartet ab, was als Nächstes kommt.

Beine einzeln bewegen lernen auf Antippen

Diese Übung ist sehr nützlich für Gleichgewicht, Körpergefühl und Konzentration.

Tippen Sie das weiter hinten stehende Bein auf der Hinterseite des Röhrbeins oder am Vorderbein in der Beuge des Karpalgelenks mit der Gertenspitze an, bis das Pferd das Bein leicht bewegt. Sofort Lob und Leckerli! Für den Anfang reicht ein ganz kurzes minimales Anheben, damit man den Druck wegnimmt. Passiert nichts (gerne bei Kaltblütern, die anlagebedingt einiges »aussitzen«), steigern Sie die Tipp-Frequenz unrhythmisch. Nerven Sie richtig, klopfen aber auf keinen Fall stärker drauf! Touchieren Sie für diese (und jede andere) Übung unbedingt immer an der gleichen Stelle, ganz be-

Touchieren am Röhrbein hinten bis das Pferd das Bein hebt und vorsetzt.

sonders, wenn Sie vorhaben, Zirkuslektionen wie Spanischer Schritt und Kompliment zu erarbeiten. Sonst kommt das Pferd durcheinander und rudert evtl. wild mit den Beinen in der Luft herum. Wie viele blaue Flecke an den Oberschenkeln hatte ich schon durch inkonsequent und unklar ausgebildete Kundenpferde, die in Hoffnung auf ein schnell verdientes Leckerli einen spanischen Schritt raushauen, wenn man mit der Gerte auch nur in die Nähe eines Vorderbeins kommt ...

Korrektur: Das Pferd steht offen

Eine gute Vorübung für das Reiten ist das geschlossene Stehen, d.h. Vorderbeine und Hinterbeine stehen jeweils lotrecht genau nebeneinander. Hat das Pferd gelernt, seine Beine auf Gertensignal einzeln zu bewegen, können Sie jeweils das weiter hinten stehende Bein durch Touchieren mit der Gerte korrigieren.

Korrektur: Das Pferd nimmt zu wenig Last auf der Hinterhand auf

Viele Pferde stehen gewohnheitsmäßig mit weit nach hinten herausgestellten Hinterbeinen und dadurch durchhängendem Rücken. Korrigiert man sie oft genug, lernen sie irgendwann, in einer für den Rücken gesünderen Position mit weiter unter dem Körper gestellten Hinterbeinen zu stehen. Nimmt die Hinterhand mehr Last auf, wölbt sich der Rücken automatisch auf. Die Steigerung ist die Lektion »Bergziege«, bei der sich Hinter- und Vorderbeine immer mehr annähern.

Lerne deinen Körper besser kennen – Geschicklichkeitstraining

Übungen und Hindernisse für eine bessere Körperbeherrschung

Aufwärmphase

Die Arbeit mit den Hindernissen sollte erst nach einer Aufwärmphase begonnen werden. Das Pferd sollte ruhig und konzentriert sein, sonst ist die Verletzungsgefahr zu groß. Beginnen Sie mit ein paar ruhig geführten Runden auf beiden Händen (mit Wechsel der Führseite), laufen Sie quer durch die Bahn, führen Sie große Kreise, umrunden Sie die Hindernisse.

Gute Übungen für bessere Konzentration und besseres »Zuhören« sind: Übergänge und Tempo-

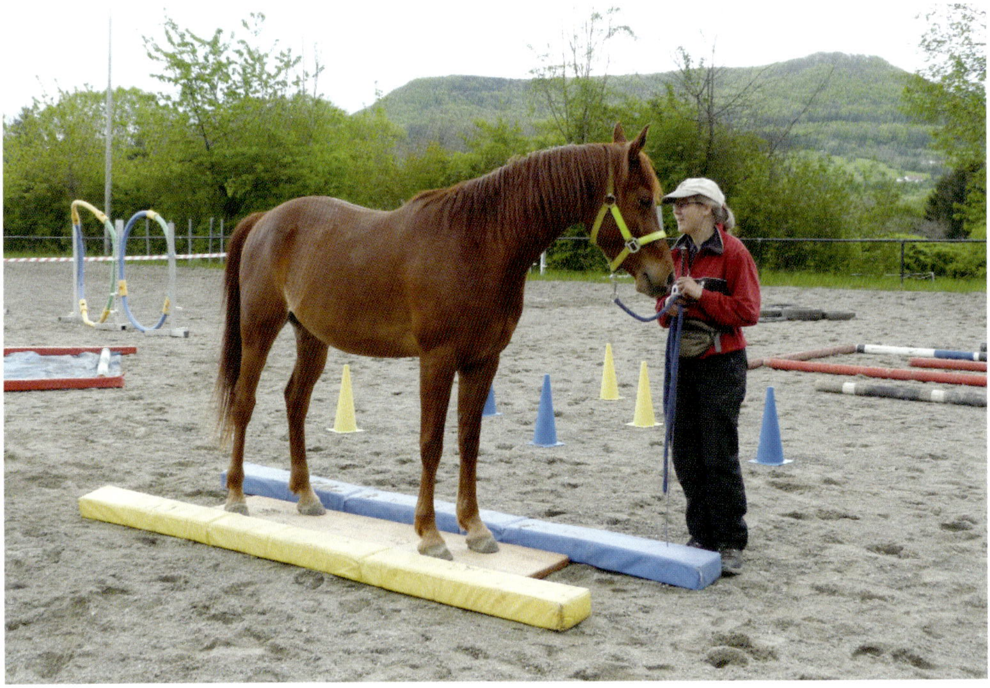

Eine Gasse als Leitlinie für besseres Geradeausgehen.

wechsel, schnellerer Schritt, extrem langsamer Schritt, Halten, Losgehen, Halten, Rückwärts ... Das gut vorbereitete Pferd sieht aufmerksam und konzentriert aus, richtet ein oder beide Ohren auf Sie und wartet gelassen auf weitere Aufgaben.

Bauen Sie für den Anfang erstmal nur zwei oder drei Hindernisse auf. Gut geeignet sind zum Beispiel ein Slalom mit 3 Pylonen im Abstand von ca. vier Metern und eine breit gelegte Stangengasse.

Übungen mit Stangen

Eins der wichtigsten Utensilien für die Bodenarbeit sind Stangen. Übungen mit Stangen fördern die Balance, das Gefühl für jedes einzelne Bein und die Konzentrationsfähigkeit. Durch das Heben der Beine beim Übersteigen der Stangen werden die Muskeln in Rücken, Bauch und Beinen gedehnt und aufgebaut.

Schaumstoffbalken mit Hülle

Eine praktische Trainingshilfe sind weiche flexible Stangen, zum Beispiel die Dualgassen nach Geitner: Flexible eckige Schläuche mit einer Hülle aus Cordura-Stoff oder LKW-Plane mit einem Kern aus Schaumstoffbalken. Vier Stück passen gerade in den Kofferraum eines Kombis, ideal, um sie schnell für eine kleine Übungseinheit zur Weide oder zum Reitplatz mitzunehmen.

Ihre Vorteile sind die geringe Verletzungsgefahr und ihre Flexibilität, sie auch mal zur Seite oder nach oben gebogen hinlegen zu können. Manche Pferde nehmen sie allerdings wegen ihrer Weichheit nicht ernst und treten dauernd darauf, statt die Beine zu heben.

Stangengasse

Der Abstand zwischen den beiden Balken beträgt ca. 0,80–1,5 m. Anfangs sollte man sie etwas weiter auseinander legen.

Die Gasse ist die Grundform für viele Stangenhindernisse und ideal, um sie vorwärts, rückwärts oder seitwärts zu überwinden. Lassen Sie das Pferd zuerst ein paar Mal vorwärts durch die Gasse gehen. Sie führen in der Grund- oder Dreieckspositon und gehen selbst neben der Gasse. Ist das Pferd sehr unsicher, können Sie die Gasse anfangs auf 2 Meter Breite legen und gemeinsam mit Ihrem Pferd durchgehen.

Nach und nach können Sie das Programm erweitern, zum Beispiel:

- vorwärts Schritt für Schritt durchgehen – ein Schritt – Halten – zwei Schritte – Halten;
- rückwärts Schritt für Schritt durchgehen – ein Schritt – Halten – zwei Schritte – Halten;
- flüssig rückwärts treten lassen

Aus zwei Stangengassen entwickelt sich das Stangen-L. (Abstand ca. 0,80–1,50 Meter, anfangs etwas weiter legen)

Halten Sie das Pferd vor der Ecke an, und wenden Sie seinen Kopf durch leichtes Zupfen am Führseil und/oder Zeigen mit der Gerte in die neue Richtung ab. Dann lassen Sie es mit gebogenem Hals losgehen.

Ziel: Das Stangen-L langsam und konzentriert, aber flüssig und in der Ecke gebogen vorwärts und rückwärts durchqueren.

Eine Stange Schritt für Schritt überwinden

Das ist eine Übung, bei der das Pferd ein besseres Bewusstsein für seine einzelnen Beine und ihre Position ausbildet.

Gehen Sie in ruhigem und konzentriertem Schritt auf die Mitte der Stange zu. Halten Sie direkt vor der Stange an. Lassen Sie das Pferd den Kopf senken und das Hindernis bzw. die Stange anschauen. Drehen Sie sich in die Dreiecksposition, damit Sie mehr Kontrolle über jedes einzelne Bein haben. Bei Pferden, die nach dem Motto »Augen zu und durch« durch Hindernisse poltern (zu viel Vorwärtstendenz), hilft die bremsende Gegenüberposition.

Machen Sie das Pferd durch leichtes Zupfen am Führseil aufmerksam, und lassen Sie es in Ruhe einen Schritt mit dem ersten Vorderbein über die Stange machen. Dazu tippen Sie dem Pferd mit der Gerte oben auf die Kruppe oder alternativ auf die Rückseite des Vorderbeins am Karpalgelenk. Um dem Pferd das Bein bewusst zu machen, können Sie vorher das ganze Bein mit der Gerte abstreichen. Kommt keine Reaktion beim ersten Antippen, tippen Sie erneut an; reagiert das Pferd immer noch nicht, kommen mehrere »Tipps« in Folge, solange bis das Pferd eine Bewegung macht. Bei der kleinsten richtigen Reaktion nehmen Sie sofort den Druck weg, hören also mit Tippen auf. Machen Sie eine Körperdrehung im Halbkreis vor das Pferd, damit es nach einem Schritt sofort wieder hält. Büffelt das Pferd trotz Ihrer Körperdrehung weiter nach vorne, Stimm-

Koordination und Aufmerksamkeit sind gefordert im Natur-Trail.

kommando »Halt«, dazu die Gerte bremsend vor die Brust halten oder an der Brust antippen. Freuen, Loben, kurze Denkpause. Dann das Gleiche mit dem zweiten Vorderbein: Halten, Loben, Pause, dann folgen die Hinterbeine jeweils einzeln.

Hat das Pferd das Hindernis ganz überwunden, lassen Sie es noch ca. 30 Sekunden ruhig stehen, damit sich das Gelernte »setzen« kann.

Über Stangen treten

Das Pferd lernt, seine Beine mehr zu heben und aufzupassen, wo es seine Hufe absetzen kann, besonders die Kontrolle über die Hinterhand wird gefördert.

Für den Schritt: Abstand ca. 0,40–0,80 cm (je nach Pferdegröße und Schrittlänge)
Für den Trab: Abstand ca. 0,90–1,20 m (je nach Pferdegröße)

Beginnen Sie mit zwei Stangen. Wenn das Pferd sie flüssig und ohne Anschlagen überwindet, steigern sie auf drei und schließlich vier Stangen.

Mögliche Probleme bei dieser Übung: Das Pferd tritt auf die Stange, schlägt an oder verschiebt sie. Um das Pferd aufmerksam zu machen, können Sie selbst die Beine übertrieben hochheben – »wie ein Storch im Salat«. Die meisten Pferde haben zu Beginn des Trainings Schwierigkeiten, ihre Hinter-

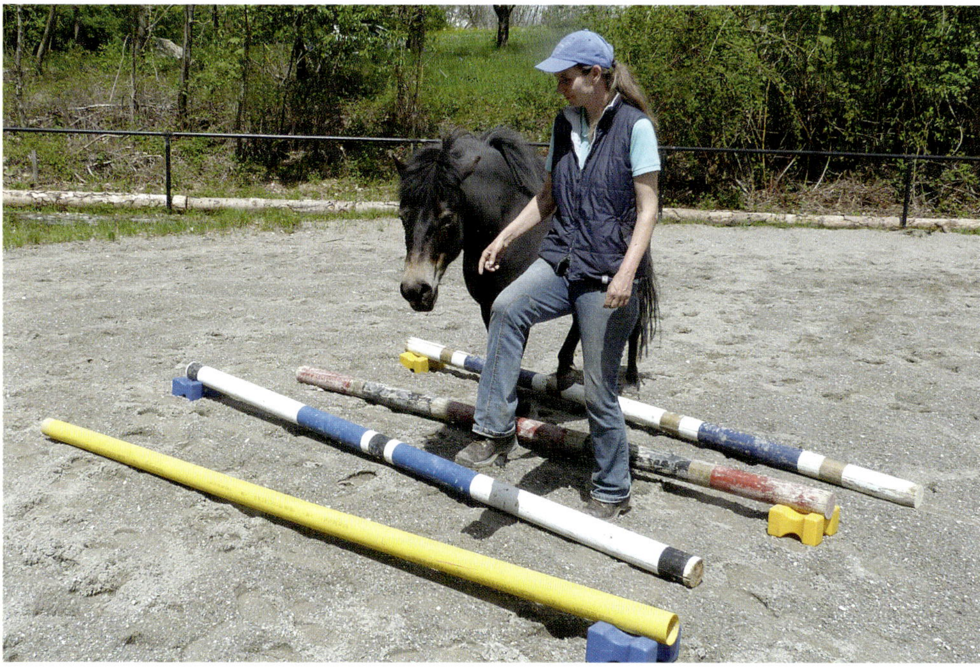

Gehen Sie selbst »wie ein Storch im Salat«, um das Pferd aufmerksam zu machen.

beine zu koordinieren. Hier hilft oft, die Hinterhand mit der Gerte abzustreichen. Oder Sie lassen das Pferd erst einmal ruhig stehen und klopfen mit dem Gertenknauf auf den Huf, um das Gefühl für diesen weit vom Gehirn entfernten Teil des Körpers zu verbessern.

Varianten:

Stangen wechselseitig erhöht legen
unterschiedliche Abstände
mehr Stangen (bis zu 8)
Stangen auf einer gebogenen Linie

Kleiner Sprung

Das Pferd soll am lang gelassenen Seil, später frei, über ein Cavaletto oder kleines Hindernis springen. Voraussetzung ist, dass das Pferd auch in höherem Tempo zuverlässig neben Ihnen herläuft, ohne ständig angetrieben werden zu müssen. Legen Sie das Cavaletto zunächst auf die niedrigste Position und gehen Sie im Schritt darüber. Danach lassen Sie das Pferd erst einmal aus dem Trab springen. Springen aus dem Galopp könnte in Buckeln und Ausschlagen oder sogar Losreißen enden.

Leicht: Sie springen mit über das Hindernis.

Schwer: Nur das Pferd springt, Sie laufen neben dem Hindernis vorbei.

Sprung über ein kleines Hindernis.

Übungen mit Pylonen

Pylonen sind ein gutes Mittel, um Biegungen zu üben. Hektische Pferde werden gebremst, unaufmerksame lernen, sich zu konzentrieren. Das Pferd lernt, Last auf dem inneren Hinterbein aufzunehmen. Die Pylonen können immer wieder zu neuen Figuren aufgestellt werden, so bleibt es spannend und das Pferd übt genau hinzuschauen. Pylonen sind sehr praktisch als Zusatz für andere Hindernisse, zum Beispiel als seitliche Begrenzung, um die das Pferd außen herumgehen soll und als Markierung für Wendungen. Das Wenden direkt um eine Pylone unterstützt das Pferd dabei, korrekt gebogen um die Ecke zu gehen und dabei die innere Schulter oben zu lassen.

Pylonenslalom

Stellen Sie eine beliebige Anzahl Pylonen in eine Reihe mit mindestens vier Metern Abstand und lassen Sie das Pferd im Slalom vorwärts hindurchgehen. Laufen Sie anfangs mit im Slalom durch die Pylonen und bringen Sie das Pferd durch Ihre Körperdrehung zum Abwenden und in die Biegung. Als Variation laufen Sie Volten und Achten mit gleichmäßigem Abstand von den Pylonen.

Bleib cool Pferd – Schrecktraining

Sie können Ihrem Pferd (und sich selbst!) helfen, sicherer und entspannter durch unsere aufregende und hektische Umwelt zu kommen indem Sie es an alles gewöhnen, was was groß und bunt ist, flattert, klappert, hüpft, zischt, scheppert oder sich irgendwie seltsam fortbewegt. Diese Abhärtung nützt jedoch nur teilweise, wenn Sie nicht zusätzlich am Vertrauensaufbau zu Ihnen arbeiten. Sonst wird vielleicht schon die blaue Plane über dem Holzstapel statt der gewohnten weißen Plane zum Problem. Überzeugen Sie Ihr Pferd, dass es an Ihrer Seite sicher ist!

Bevor Sie mit Schreckübungen beginnen, sollte das Pferd sich sicher führen, lenken und anhalten lassen. Bleiben Sie bei einfachen Konzentrationsübungen, solange das Pferd aufgeregt ist, weil es zum Beispiel den Reitplatz noch nicht kennt oder von seinem Pferdekumpel getrennt ist.

Guckt das Pferd beim Aufwärmtraining um die Hindernisse herum schon aufgeregt oder möchte irgendwo nicht vorbeigehen, tun Sie so, als ob alles ganz normal und selbstverständlich wäre. Schauen Sie den schreckerregenden Gegenstand kurz intensiv, aber emotionslos an und atmen dabei ruhig weiter. Dann blicken Sie wieder auf das Ziel, also in die Richtung, in die Sie wollen, gehen ruhig weiter und bitten das Pferd mitzukommen. Nicht gut zureden, trösten oder streicheln, das bestätigt das Pferd nur darin, dass es einen Grund gibt, Angst zu haben!

Bleibt es stehen und fixiert sorgenvoll den Gegenstand, treiben Sie es auf keinen Fall mit steigendem Druck weiter. Bei durch Angst begründetem Verhalten sollte man nur mit positiver Verstärkung arbeiten. Der Grund dafür ist, dass bei Nichterfüllung der Aufgabe einfach »nichts« passiert und man sich als Ausbilder nicht in eine Situation hineinmanövriert, die möglicherweise außer Kontrolle gerät.
Arbeite ich mit steigendem Druckaufbau, bin ich bei »Fehlverhalten« gezwungen, den Druck beizubehalten bzw. sogar noch zu verstärken. Und »Fehlverhalten« kann eben auch sein, dass das Pferd nicht versteht ... hänge ich dann in der »Druckaufbau-Schleife« fest, führt das zu massivem Stress beim Pferd, im Extremfall bis zur Explosion, weil es um jeden Preis aus der Situation aussteigen möchte.

Vehementes Verweigern, gerade bei einem jungen oder unerfahrenen Pferd hat normalerweise immer einen Grund: Daher sollte man sich wirklich sicher sein, dass das Pferd in der Lage ist, die Aufgabe zu verstehen und korrekt auszuführen.

Das Pferd soll lernen, nachzudenken und sich mit der Aufgabe auseinanderzusetzen. Ganz besonders wichtig dabei ist: Es soll verstehen, dass es immer die notwendige Zeit bekommt, um die

Ein ideales Hindernis, bunt und knisternd, aber weich und ungefährlich.

Aufgabe zu verstehen und niemals zu etwas gezwungen wird, was es (mental oder physisch) nicht schaffen kann. Das baut Vertrauen auf, hält das Pferd in der Lernzone und lässt es nur noch selten in die Panikzone abdriften.

Solange das Pferd noch nicht bereit ist, auf das Hindernis zuzugehen, darf es mit Blick aufs Hindernis bzw. so nah vor dem Hindernis stehenbleiben, wie es das aushält. Es darf schauen und sich durch Kopf-Senken entspannen. Dann fragen sie es durch ein- bis zweimaliges Antippen mit der Gerte auf der Kruppe, ob es bereit ist, sich dem Hindernis weiter zu nähern. Falls ja, macht es einen oder mehrere Schritte vorwärts, darauf folgt sofort ein Lob bzw. Click und Leckerli. Falls nicht, darf es weiter mit Blick aufs Hindernis stehenbleiben. Lassen Sie es nicht in der Gegend herumschauen oder gar weglaufen. Die Aufmerksamkeit soll beim Hindernis bleiben. Rückwärtsgehen und alle Bewegungen weg vom Hindernis werden ruhig und emotionslos korrigiert, das Pferd wieder auf den alten Platz vor das Hindernis gestellt.

Jeder Schritt zum Hindernis wird belohnt durch Pause, Leckerli, Stimmlob. Teilziele setzen, z. B. Vorderbeine auf die Plane stellen. Wenn das Teilziel erreicht ist, kurz dort Pause machen mit Lob/Belohnung, dann das Pferd aktiv vom Hindernis zurück- bzw. weggehen/heruntergehen lassen. Widerstehen Sie der Versuchung, vor lauter Begeisterung über das Erreichte immer noch einen Schritt mehr zu fordern!
Bleiben Sie in spielerischer Laune »Guck mal, was für witzige Sachen wir hier haben!« Verringern Sie die Anforderung, wenn das Pferd nervös wird oder überfordert ist.

Zu viel Druck und zu schnell zu viel Wollen ohne ausreichende Denkpausen bringen das Pferd in die Panikzone. Es kann nicht lernen und behält höchstens im Gedächtnis, dass diese Situation durch den Stress unangenehm war und deshalb lieber vermieden werden sollte. Und das könnte gefährlich werden, da sich das Pferd – je nach Veranlagung – wehren, Menschen umrennen, steigen oder sich losreißen kann.

Unabhängig davon, ob Sie Ihrem Pferd gerade ohne Absicht zu viel zugemutet haben, lassen Sie niemals zu, dass Ihr Pferd Sie überrennt, Ihnen auf die Füße springt oder in Sie reindrängelt. Behaupten Sie Ihre Position durch Aufrichten, Größerwerden, Gerte heben und notfalls einen kräftigen Tipp mit der Gerte auf die Brust oder an die Schulter und einen energischen Ruck am Führseil.

»Touch« – das Monster mit der Nase anstupsen

Eine clevere Methode mit angsteinflößenden Dingen umzugehen, ist, dem Pferd beizubringen, auf Kommando den betreffenden Gegenstand mit der Nase anzustupsen. Bei fast jedem Pferd siegt irgendwann die Neugier, es pirscht sich – ständig fluchtbereit – »auf Hufspitzen« heran und beriecht ganz vorsichtig das Schreckgespenst. In diesem Moment loben bzw. clicken Sie und belohnen großzügig jedes Mal, wenn das Pferd das Ding mit der Nase berührt. Dabei führen Sie das Stimmsignal »Touch« ein.

Ist das Signal etabliert, reicht meist ein kurzes Stehenbleiben zur inneren Sammlung vor dem Monster, dann das Kommando »Touch«. Normalerweise ist das Pferd dann so beschäftigt, sich das Leckerli zu verdienen, dass es gar keine Zeit zum Gruseln und Wegspringen hat. Je schrecklicher das Ding, umso öfter lassen Sie das Pferd »Touch« für ein Leckerli machen, bis es schließlich gelassen daneben stehenbleiben kann.

Das Gesichtsfeld des Pferdes

Als Beutetier ist das Pferd auf einen weiten Überblick angewiesen, damit es anschleichende Feinde früh bemerken und rechtzeitig flüchten kann. Deshalb liegen die Pferdeaugen seitlich am Kopf und sind nicht wie beim Menschen nach vorne gerichtet. Durch diese Anordnung der Augen kann das Pferd auch Dinge erkennen, die sich seitlich hinter ihm befinden. Nur im Bereich von ca. 15–

Touch – Gegenstand mit der Nase anstupsen: Nachdenken und Kopf senken lassen führen zur Beruhigung des Pferdes.

35° hinter sich und direkt vor seiner Nase in einer Entfernung von bis zu 50 cm kann es nichts sehen.

Zwei Augen – zwei Welten

Pferde sehen durch ihre seitlich ausgerichteten Augen nur einen Bereich von etwa 60–70° mit beiden Augen. Alles weiter seitlich sieht das Pferd also immer nur mit einem Auge. Die Reize des linken Auges werden in der rechten Gehirnhälfte verarbeitet und die Informationen des rechten Auges in der linken Gehirnhälfte. Beide Gehirnhälften sind jedoch nur sehr gering miteinander verbunden. Dadurch erreichen die Informationen, was das linke Auge gesehen hat und in der rechten Gehirnhälfte als harmlos eingestuft wurde, nur schwer die andere Gehirnhälfte. Deshalb kann es passieren, dass Pferde Dinge, an denen sie von der einen Seite problemlos vorbeigingen, auf einmal nach einem Seitenwechsel gruselig finden.

Für unsere Praxis bedeutet das: Jedes Hindernis muss immer von beiden Seiten geübt werden, damit das Pferd es wirklich zuverlässig lernt. Dabei gilt der Grundsatz: neue Seite = neue Aufgabe. Beginnen Sie also erst mit der anderen Seite, wenn die erste Seite zuverlässig klappt bzw. die Übung sitzt.

Hindernisse und Übungen für das Anti-Schrecktraining

Hier finden Sie eine kleine Auswahl bewährter Übungen und Hindernisse. Ihre Ideen sind gefragt: Beziehen Sie alles ein, was Ihnen zwischen die

Finger kommt und einem Pferd heutzutage begegnen kann. Je bunter desto besser und möglichst risikoarm – keine scharfen Kanten, tritt- und kippsicher etc.

Der Klassiker – eine große Plastikplane

Plane überqueren

Für beschlagene Pferde mit Stollen oder Widia-Stiften sind die typischen blauen oder grünen Gewebeplanen aus dem Baumarkt ungeeignet. Drücken sich die Stollen durch das Gewebe, kann das Pferd darin hängen bleiben und in Panik geraten. Besorgen Sie lieber eine große stabile Plane ohne Gewebe, die nicht so schnell einreißt.

Falten Sie die Plane für den Anfang zu einem langen Streifen von ca. 1,50 Breite zusammen und legen sie auf dem Boden aus. Sichern Sie die Ränder mit Stangen, Kanthölzern oder mit Reitplatzsand gegen Hochwehen. Zum Einstieg führen Sie das Pferd mehrmals um die Plane herum und verringern dabei allmählich den Abstand. Nun führen Sie das Pferd an die Plane heran, lassen Sie es direkt davor halten, den Kopf senken und die Plane anschauen und beschnuppern (Kommando »Touch«+Leckerli falls das Pferd die Übung schon kennt). Ausatmen. Pause.

Hat sich das Pferd entspannt, motivieren Sie es, einen Schritt auf die Plane zu tun. Loben, Leckerli von vorne-unten füttern, evtl. ein zweites Leckerli auf die Plane legen, Pause. Jetzt können Sie das Pferd ganz über den Planenstreifen führen. Überqueren Sie die schmale Seite der Plane ein paarmal, ohne anzuhalten. Die meisten Pferde fühlen sich mit den Hinterbeinen unsicherer als mit den Vorderbeinen und finden es beängstigend, damit auf unbekanntem Untergrund stehenzubleiben. Lassen Sie das Pferd lieber nach Überqueren der Plane anhalten und einige Sekunden nachdenken. Hat das Pferd so weit gut mitgemacht, brauchte aber viel Zeit und wirkt immer noch etwas unsicher, beenden Sie die Übung für diese Trainingseinheit.

Bei der nächsten Trainingsstunde wiederholen Sie zunächst die Übung mit dem Planenstreifen. Geht das Pferd bedenkenlos darüber und lässt sich mit jedem Bein auf der Plane anhalten, können Sie zum nächsten Schritt weitergehen. Dafür legen Sie die Plane in voller Größe aus und sichern die Ränder. Die Gewöhnung an die große Plane funktioniert genauso, wie beim Planenstreifen beschrieben.

Sehr ängstlichen Pferden hilft es oft, dabei zuzusehen, wie ein anderes ruhiges Pferd oder auch ein Mensch mehrmals die Plane überquert.

Diese Methode lässt sich auf alle möglichen Hindernisse übertragen, die am Boden liegen und überquert werden sollen. Ein paar Beispiele: eine Beton-Schaltafel als Vorübung zu Wippe und Brücke, eine Isomatte, ein alter Teppich, ein Stück Kunstrasen oder eine Turnmatte.

Schmale Gegenstände wie eine Isomatte oder ein Brett sind für das Pferd viel leichter zu überwinden, wenn sie von einer Gasse aus Schaumstoffbalken eingerahmt werden.

Plane über das Pferd legen

Diese Übung setzt viel Vertrauen in den Menschen und die gründliche Gewöhnung an Planen in steigender Größe voraus. Sie lohnt sich aber sehr als Vorbereitung für das Geritten-Werden: vom Auflegen der Satteldecke und des Sattels bis zum

Pferd und Mensch im Gleichgewicht auf der Wippe.

Reiter mit raschelnder Regenjacke oder flatterndem Regenponcho wird das ganze Spektrum der »schrecklichen Dinge von oben, die im Augenwinkel zu sehen und zu hören sind«, abgedeckt. Ich arbeite dieses Abhärtungsprogramm immer sehr gründlich ab, das erspart einem später beim Reiten einige gefährliche Situationen. So konnte ich Lavena bei ihrem ersten Wanderritt ohne jede Extra-Gewöhnung die Packtaschen auflegen und losreiten. Die seitlich in ihrem Gesichtskreis hängenden Dinge mit leichter Eigenbewegung und ein wenig schepperndem Inhalt im Trab waren kein Problem.

Gewöhnen Sie das Pferd zuerst an einen kleinen Gegenstand aus Stoff auf seinem Rücken (Satteldecke, Handtuch) wie im Kapitel Aufsitzen und Anreiten »Sattelgewöhnung« beschrieben.

Damit sich das Pferd an den Anblick eines großen Gegenstandes, der von oben herunterkommt, gewöhnt, können Sie es zunächst mit einer Pferdedecke oder einem alten Bettlaken zudecken.

Nun beginnen Sie mit einer kleinen Plastiktüte. Wecken Sie seine Neugier, indem Sie sich intensiv mit der Tüte beschäftigen, rascheln, hineinschauen usw., lassen Sie es schauen und schnuppern und streichen Sie das Pferd damit am ganzen Körper ab. In dem Maße, wie die Angst des Pferdes abnimmt, steigern Sie die Größe der Plane.

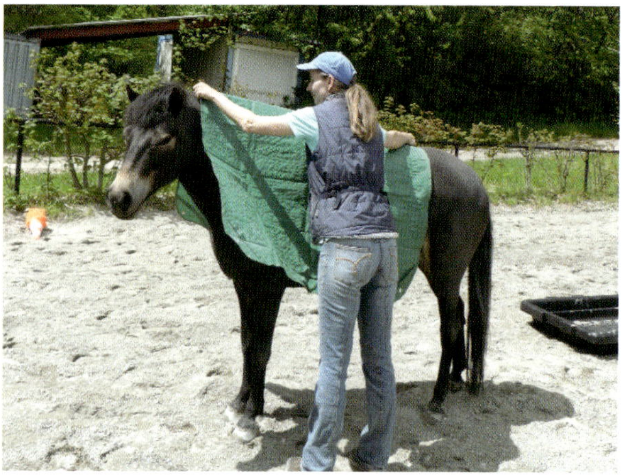

Plane langsam auflegen.

Regentag auf dem Wanderritt – die Vorübungen machen sich bezahlt.

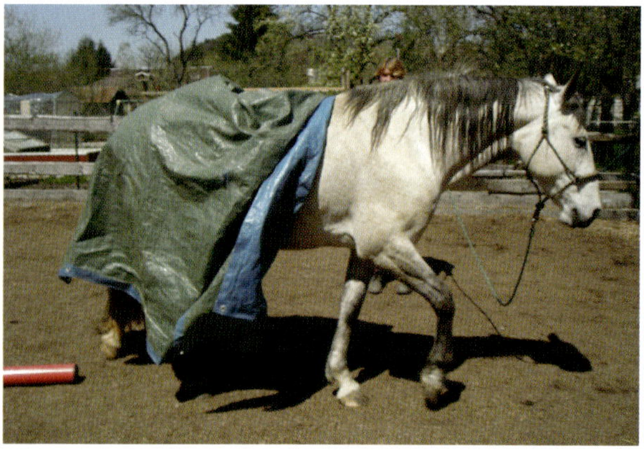

An das Rascheln gewöhnen.

Übung für Fortgeschrittene.

Regenponcho

Eine nützliche Vorübung für das Reiten im Gelände ist, vor den Augen des Pferdes mit viel Rascheln und Flattern einen Regenponcho überzuziehen und das Pferd mit angezogenem Poncho zu führen.

Wassergewöhnung

Dafür eignet sich eine große Plane ohne Löcher, dazu 4 Stangen oder Kanthölzer, um die die Kanten der Plane so umgeklappt werden, dass ein kleines Becken entsteht. Sie können auch ein Kinderplanschbecken verwenden. Die Luxusvariante ist eine stabile, unzerbrechliche Desinfektionswanne für Rinder mit abgerundeten Kanten.

Gymnastikball kicken

Viele Pferde lieben das Ball-Kicken, es bedeutet Spiel und Spaß, Belohnung und Entspannung. Der Ball muss groß genug und prall aufgepumpt sein, damit das Pferd nicht darüber stolpern und sich

Eine selbst gebastelte Wasserwanne aus Plane mit Kanthölzern.

Einen Ball kicken.

Gewöhnung an die Wanne ohne Wasser.

Der kurze Weg quer über die Wanne geht anfangs leichter.

verletzen kann. Mindestdurchmesser für Pferde in Isländergröße: 65 cm, für Großpferde: 85 cm.

Ballgewöhnung

Der Ball liegt auf dem Platz, das Pferd wird drumherum geführt. Halten Sie das Pferd vor dem Ball an, lassen Sie es den Kopf senken und den Ball anschauen (nützlich ist auch hier, wenn das Pferd die Übung »Touch« schon beherrscht). Ein Helfer rollt den Ball langsam vor dem Pferd her. Sie gehen mit dem Pferd hinterher und »verfolgen« den Ball. Das Pferd darf jederzeit schnüffeln, anstupsen oder den Ball mit dem Huf untersuchen.

Im nächsten Schritt rollt der Helfer den Ball langsam auf das Pferd zu. Bleibt es stehen, berührt er mit dem Ball vorsichtig ein Vorderbein. Um dem Pferd mehr Sicherheit und Gefühl für sein Bein zu geben, können Sie Ihre Hand an die Rückseite des Beines legen. Nun locken Sie das Pferd geradeaus vorwärts. Weicht es zur Seite aus, hilft eine Stangengasse als Führung. Durch den Schritt kickt es

Hier heißt es wieder, einen Schritt zurückzugehen und einen Teil der Streifen zur Seite zu halten, bis das Pferd seine Bedenken verloren hat.

Flattervorhang für Fortgeschrittene.

automatisch den Ball. Belohnen Sie jedes Mal begeistert, dann kicken die meisten Pferde bald von alleine. Jetzt können Sie die Belohnungsfrequenz heruntersetzen.

Ist Ihr Pferd ein begeisterter Ballspieler geworden, können Sie diese Lieblingsübung zwischendurch im Training zur Auflockerung und als Belohnung einsetzen.

Flattervorhang

Ein Flattervorhang, zum Beispiel aus rotweißem Baustellenband, das an eine Dachlatte geknotet wird, sollte mindestens 2 Meter breit sein und muss so hoch aufgehängt werden, dass das Pferd auch bei hochgerissenem Kopf nicht oben an die Latte stößt (bei Großpferden 2,30 Meter).

Für die erste Begegnung mit dem Flattervorhang hält ein Helfer den Vorhang zur Seite und lässt nur einen oder zwei Streifen herunterhängen. Das Pferd darf in so viel Abstand anhalten, dass es das Schreckhindernis noch ertragen kann und wird für jeden Schritt in Richtung Vorhang gelobt und belohnt. Ist es direkt am Vorhang angekommen, darf es in aller Ruhe schauen, schnuppern und notfalls reinbeißen.

Ist es bereit zu folgen, gehen Sie ein paarmal in ruhigem Tempo unter dem immer noch zur Seite gehaltenen Vorhang durch. Nach und nach lässt der Helfer immer mehr Streifen herunterhängen. Sie können das Pferd mit einem einzelnen Streifen an Kopf, Hals und Rücken abstreichen, damit es merkt, dass die Berührung ungefährlich ist. Akzeptiert das Pferd die Berührungen an Kopf und Hals, ist es meistens auch bereit durchzugehen. Vorsicht: Oft rennt das Pferd los, wenn der Vorhang seinen Rücken erreicht hat. Dann gehen Sie einfach einen Trainingsschritt zurück, durchqueren den Vorhang noch ein-, zweimal mit zur Seite

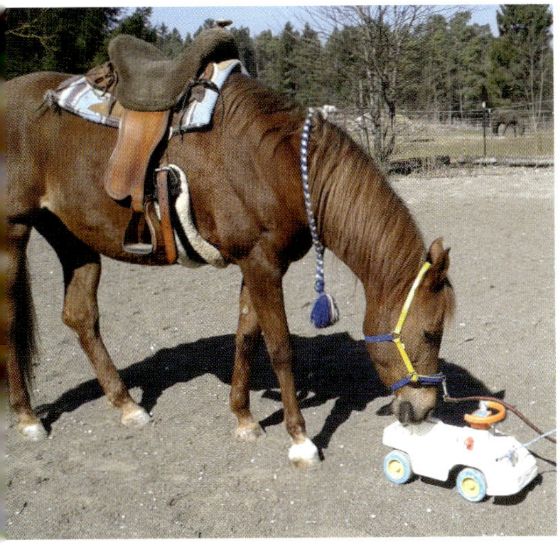

Bobby Car – erst verfolgen, dann nachziehen.

Auch dieser Schlittenspaß hat mit der Nachzieh-Übung angefangen

gehaltenen Streifen und lassen dem Pferd ein paar Tage Denkpause bis zum nächsten Üben.

Gegenstände zum Nachziehen

Scheppernde oder raschelnde Gegenstände zum Nachziehen, wie ein Bobby Car, ein Klappersack oder ein großer Ast, sind eine gute Vorübung, falls sich zum Beispiel im Gelände ein Ast im Schweif verfängt oder auch für das Einfahren. Wenn das Pferd den Gegenstand gründlich untersucht hat, darf es ihn zuerst verfolgen. Ideal ist ein Helfer, der den Gegenstand vor dem Pferd herzieht. Bleibt das Pferd gelassen, wird der Gegenstand zuerst seitlich neben ihm gezogen, dann wandert er langsam weiter nach hinten.

Regenschirm öffnen

Ob der Spaziergänger im Gelände oder der Zuschauer am Reitplatzrand – ein plötzlich aufklappender und herumgeschwenkter Regenschirm begegnet Ihrem Pferd garantiert irgendwann. Gewöhnen Sie es also lieber frühzeitig daran. Zeigen Sie ihm den geöffneten Schirm aus etwas Abstand. Halten Sie ihn ruhig und warten, bis das Pferd ihn von sich aus beschnuppern kommt (die bessere Alternative: Übung »Touch«).

Für eher aufgeregte misstrauische Pferde: Nun darf das Pferd einen Helfer verfolgen, der mit aufgeklapptem Schirm vorausgeht.

Für ruhige Zeitgenossen: Der Helfer geht mit dem Schirm in der Hand in einem großen Kreis um das Pferd herum. Das Pferd darf den Schirm jederzeit genauer anschauen und beschnuppern; das wird mit Lob und Leckerli bestärkt. Bleibt es entspannt, kann man den Schirm über das Pferd halten und langsam bewegen.

Anfangs öffnen Sie den Regenschirm ganz langsam.

Durch diese hohle Gasse muss er kommen.

Bleibt das Pferd in Schirmnähe komplett entspannt, klappen sie ihn ruhig zu und langsam wieder auf. Erst wenn das Pferd dabei gelassen bleibt, übt man das plötzliche ruckartige Aufklappen.

Engstelle passieren

Für diese Übung gegen Platzangst baut man eine Gasse aus zunächst zwei, dann beliebig vielen großen Plastiktonnen. Für Fortgeschrittene kann man sie enger zusammenstellen und mit allerlei bunten Dingen aufpeppen.

Flattertunnel

Für Hartgesottene und als Vorübung für das Verladen: der Flattertunnel mit Seitenwänden und Dach aus Planen. Beginnen Sie mit einer einzelnen niedrigen Planenwand, bis das Pferd gelassen daran vorbeigeht.

Das Planendach kennenlernen.

Kopf senken lassen und Leckerli von vorne-unten füttern beruhigt.

Flattertunnel für Fortgeschrittene.

Verladetraining.

Einsteigen, Türen schließen, der Zug fährt ab – Hängertraining

Auch wenn man nicht regelmäßig plant auf Kurse, Wanderritte oder Wettbewerbe zu fahren: Jedes Pferd sollte sich ohne langes Zögern verladen lassen. Sollte es einmal notfallmäßig in eine Tierklinik gefahren werden müssen, kann das sein Leben (und Ihre Nerven) retten. Wer sich diesen Stress ersparen will, übt gelegentlich das Verladen und Fahren ohne zeitlichen Druck. So ist man für den Ernstfall gerüstet.

Die wichtigsten Regeln für erfolgreiches Verladetraining:

Gründliche Vorbereitung ist alles!

Das Pferd sollte sich vorwärts und rückwärts sicher führen lassen und das Angebundensein kennen. Je besser es »gehändelt« ist und je besser die Pferd-Mensch-Beziehung ist, umso leichter geht es!

Vorübungen: Engstelle, Planenwand und Flattertunnel, Brett (Schaltafel, Brücke) betreten.

Zeit und Geduld

Beziehen Sie den Hänger regelmäßig mindestens einmal in der Woche ins Training ein, zunächst ohne explizit an Verladen zu denken. Der Hänger soll für das Pferd – und für Sie – zu einem ganz alltäglichen Element bei der Bodenarbeit werden, so wie jedes andere Hindernis auch.

Lassen Sie das Pferd seitwärts über die Rampe gehen, halten auf der Rampe; Vorderbeine auf die Rampe setzen, rückwärts wieder herunter; alle Beine auf die Rampe, rückwärts wieder herunter usw. Wichtig: Fragen Sie weitere Schritte erst ab, wenn sich das Pferd in der jetzigen Situation entspannt und wohl fühlt! Loben und belohnen Sie kleinschrittig!

Handarbeit und Longieren

Klassische Arbeit an der Hand

An feiner Hand geführt zu Harmonie und Gleichgewicht

Die Ausbildung des Jungpferdes am Boden blickt auf eine lange Tradition zurück und findet sich in allen klassisch-barocken Reitschulen, wie der Spanischen Hofreitschule in Wien, der Königlich Andalusischen Reitschule in Jerez, der Portugiesischen Schule der Reitkunst in Lissabon und des Cadre Noir in Saumur. Nicht nur »Barockpferde« profitieren sehr davon! Nun müssen wir nicht gleich die Piaffe als Ziel setzen – die Grundübungen der klassischen Handarbeit sind allerdings für Pferde aller Rassen und Reitweisen eine ideale Ergänzung zur »normalen« Reitausbildung und Gymnastizierung.

Ein großer Vorteil für den Ausbilder beim Schulen an der Hand ist, dass er die Reaktionen des Pferdes auf die Hilfen sowie auch Probleme (wie Verwerfen im Genick, über die Schulter weglaufen, mit einem Bein kürzer treten usw.) vor Augen hat. Er sieht direkt den Effekt seiner Einwirkung auf das Pferd und bekommt ein besseres Verständnis für die Bewegungsabläufe des Pferdes und sein Gleichgewicht.

Der passende Kappzaum

Unentbehrlich für den Einstieg in die Handarbeit ist ein gut passender, angenehm sitzender, korrekt verschnallter Kappzaum. Ein guter Kappzaum ist nicht billig, die Anschaffung lohnt sich jedoch. Der richtige Kappzaum wird Sie und Ihr Pferd sehr lange auf Ihrem Ausbildungsweg begleiten. Der große Vorteil eines Kappzaums ist die klare, punktgenaue Einwirkung, ohne das Pferdemaul zu belasten. Das Genick und der Hals des Pferdes lassen sich bis zum gewünschten Grad stellen, ein Verwerfen kann gut korrigiert werden.

Innerhalb einer Trainingseinheit kann man flexibel umschnallen, was ich sehr praktisch finde. Oft beginne ich mit einem Spaziergang um den Block oder dem Weg zur Halle zum Aufwärmen (Führseil im mittleren Kappzaumring). Für die Lösungsphase geht es weiter mit Handarbeit (Zügel in den seitlichen Ringen) oder Longieren (Longe im mittleren Ring). Anschließend reite ich – anfangs nur ein paar Lenkübungen – mit den Zügeln in den seitlichen Ringen.

Als nächsten Schritt lasse ich das Pferd das Gebiss ohne Zügel zur Gewöhnung einfach im Maul mittragen. Idealerweise hat der Kappzaum Bithanger oder einen extra Riemen zum Einziehen in die vorhandenen Schlaufen für das Gebiss. Sonst muss man Kappzaum und Trense übereinander ziehen,

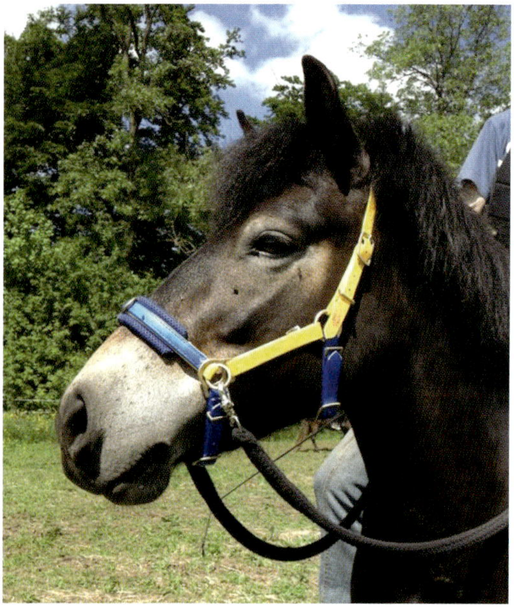

Beispiele für gut sitzende Kappzäume.

was durch die Menge der Riemen und Schnallen am Kopf drücken oder reiben kann. Um auf das Gebiss umzustellen, reite ich längere Zeit vierzügelig mit je einem Zügelpaar in den seitlichen Ringen des Kappzaums und in den Trensenringen.

Heutzutage gibt es eine riesige Auswahl an Kappzäumen: Neben dem klassischen schweren Kappzaum mit festem oder per Gelenk verbundenen Naseneisen findet man Caveçon, Serreta u.ä. aus Hirten- und Barockreitweisen, flexible Kappzäume mit runden oder flachen Nasenstücken aus Leder oder Biothane, Modelle aus Ausbildungsmethoden wie Equikinetic und für verschieden starke Einwirkung – und leider auch jede Menge ungeeigneten schlabbrigen Billigschrott in Halfterbauweise mit Ringen auf der Nase.

Die richtige Passform

Ein Kappzaum muss relativ eng verschnallt werden, damit er nicht rutscht oder stört und eine klare Einwirkung ermöglicht. Das Nasenstück muss unbedingt so lang sein, dass die Backenstücke deutlich hinter den Jochbeinen gerade am Kopf herunterlaufen. Das kann vor allem bei Ramsköpfen und stark ausgeprägten Nasenknochen zum Problem werden. Ist das Nasenstück zu kurz, laufen die Backenstücke schräg über die Jochbeine und können dort drücken. Noch schlimmer ist dabei der zu geringe Abstand der Backenstücke zu den Augen, so dass sie bei seitlicher Einwirkung ins Auge rutschen können. Das Nasenstück sollte in der Höhe so eingestellt werden, dass es etwa zwei Finger breit unterhalb der Jochbeine liegt.

Unbedingt notwendig ist ein Ganaschenriemen, der die Backenstücke an ihrem Platz hinter den Augen hält. Logischerweise muss er dafür anliegend verschnallt werden. Beim gut passenden Kappzaum ist der Ganaschenriemen etwa auf Augenhöhe an den Backenstücken befestigt.

Metall im Nasenteil?

Feste Naseneisen müssen in der Rundung perfekt zur Form der Pferdenase passen. Dann sitzen sie gut ohne zu verrutschen und sind trotz des Gewichts für das Pferd meist angenehm zu tragen. Naseneisen mit einem Gelenk in der Mitte mögen viele Pferde nicht, da sie die Nase zusammenquetschen können. Bei den relativ schweren Kappzäumen mit Naseneisen sollte der Kinnriemen eine Polsterung für die Unterkieferäste haben. Stirn- und Kehlriemen sind beim Kappzaum überflüssig und können, falls möglich, ausgeschnallt werden.

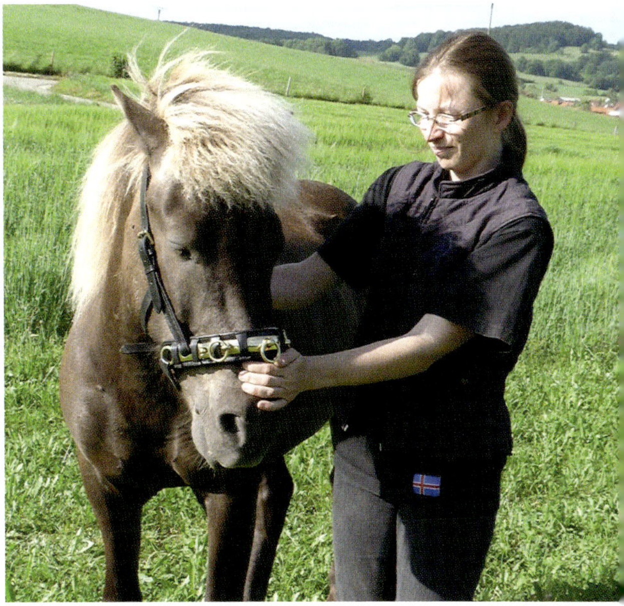

Stellen des Pferdehalses im Stehen.

Für sensible Pferde mit feinen Köpfen und dünner Haut ist ein Caveçon (lederummantelte »Fahrradkette«) ungeeignet, da es sehr scharf wirkt. Außerdem rutschen die schweren Ketten besonders auf Ramsköpfen und -nasen gerne nach unten und hängen dann zu tief auf der Nase.

Die meisten Pferde mögen am liebsten die leichten Kappzäume ohne Metall aus Biothane. Falls keine Standardgröße passt, kann man sie sich bei verschiedenen Anbietern nach Maß machen lassen oder sich sogar selbst ans Basteln wagen.

Basisübungen

Stellen des Pferdehalses im Stehen

In den Kappzaum hängt man für den Anfang eine circa zwei Meter lange Führleine mit nicht zu schwerem Haken in den mittleren Ring ein. Stellen Sie sich gegenüber des Pferdekopfes auf und bewegen Sie ihn mit sanften zupfenden Bewegungen zunächst vorwärts/abwärts, dann seitlich erst in eine Richtung, später in die zweite, bis es Ihren Impulsen bereitwillig folgt. So können Sie feststellen, ob der zweite Halswirbel (Dreher) beweglich ist und das Pferd sich im Genick stellen lässt. Sträubt es sich oder drückt dagegen, können Sie mit der flach aufgelegten Hand oder notfalls einem piksenden Finger seitlich unterhalb der Nüster auf der Außenseite nachhelfen. Niemals ziehen, weniger ist mehr! Halten Sie mit Gefühl einen leichten Kontakt am Führseil und bewegen ihre Hand ruhig und locker. Gibt das Pferd den Impulsen nach, stellen Sie es weiter, bis der Mähnenkamm zur inneren Seite kippt. Die meisten Pferde senken den Kopf und lassen den Hals fal-

Führen in Stellung mit einem Führseil.

len, sobald sie die Stellung zulassen. Auf diese Weise wird die Dehnungshaltung schon an der Hand erarbeitet.

Bei der korrekten Stellung bewegt das Pferd den Schädel und oberen Teil seines Halses ein wenig seitwärts und beide Ohren bleiben auf gleicher Höhe, andernfalls spricht man von »Verwerfen im Genick« (der Hals ist zwar nach innen gebogen, aber der Kopf schaut nach außen und die Ohren sind unterschiedlich hoch).

Führen in Stellung mit einem Führseil

Halten Sie das Führseil für den Anfang kurz hinter dem Kappzaum, später kann der Abstand zum Pferd größer werden. Um die Stellung zu erreichen, gibt man nun leichte Impulse am Seil ohne dauerhaft zu ziehen. Besonders auf der steifen Seite können Sie zur Unterstützung mit den Fingerknöcheln der Gertenhand von hinten nach vorne entlang der Halswirbelsäule die Muskulatur massieren, damit die innere Halsseite entspannt und hohl wird. Fällt das Pferd auf die innere Schulter, können Sie die Gerte flach an der Schulter anlegen (nicht drücken, sondern Impulse geben), um es wieder in Balance zu bringen. Drängt das Pferd über die äußere Schulter weg, stellen Sie es kurz gerade und gehen zügig vorwärts, dann beginnen Sie wieder vorsichtig es zu stellen. Machen Sie besonders anfangs viele

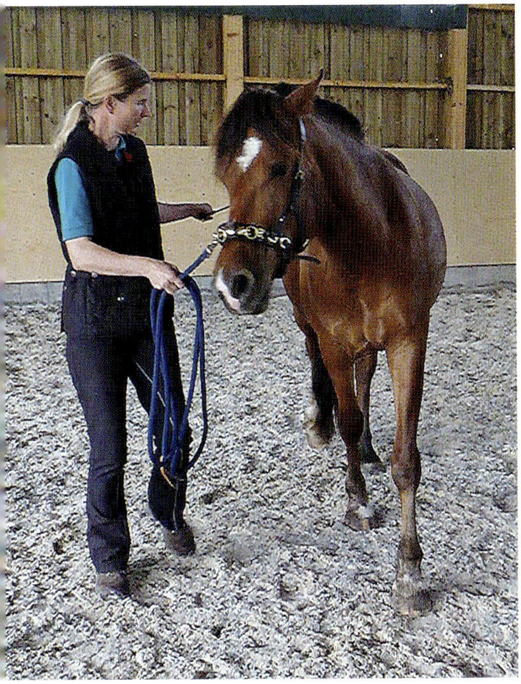

Das Pferd ist überstellt und fällt auf die innere Schulter.

Stellen mit den Zügeln nach außen.

Pausen, sobald das Pferd nachgibt und ein paar korrekte Schritte in Stellung geht.

Stellen mit Zügeln

Für den nächsten Schritt schnallt man Zügel in die seitlichen Ringe ein. Sie stehen auf der Höhe der linken Schulter / des Widerrists, nehmen die Zügel auf und halten mit beiden Zügeln einen leichten Kontakt. Bauen Sie die Zügelverbindung langsam mit Gefühl auf, damit Ihr Pferd nicht rückwärts ausweicht. Nun beugen Sie den rechten Ellbogen und gleiten mit der Hand entlang des Pferdekörpers zurück, bis das Pferd nach rechts (also nach außen) schaut. Die Stellung nach außen ist für den Anfang leichter zu üben, da das Pferd nicht so stark ausweichen kann wie bei der Innenstellung. Geben Sie kleine Impulse am Zügel, bis das Pferd nachgibt.

Wenn Ihr Pferd Verspannungen im Hals hat, wird es statt sich stellen zu lassen mit der Hinterhand ausweichen und/oder den Kopf immer wieder wegziehen. Gehen Sie geduldig mit, bis Ihr Pferd zu kreiseln aufhört und stellen Sie den Kopf immer wieder von sich weg. Passen Sie auf Ihre Füße auf, falls das Pferd versucht, in Ihre Richtung auszuweichen!

Jeder Muskel braucht 10 bis 30 Sekunden Zeit, um sich zu dehnen. Solange sollte Ihr Pferd mit gebogenem Hals ruhig stehen. Die Dehnung verbessert

die Durchblutung des Muskels und damit seine Entspannung.
Nun probieren Sie diese Übung auf der rechten Seite Ihres Pferdes. Auf welcher Seite geht es leichter, gibt das Pferd bereitwilliger nach? Das ist die hohle Seite. Möchte sich das Pferd partout nicht zur steifen Seite stellen lassen, kann man mit einem Leckerli nachhelfen. Vorsicht: die Bewegung bzw. Dehnung ist beim seitlichen Füttern eine andere, da das Pferd dabei den Kopf zur Seite verdreht, statt den Hals mit gerader Stirnlinie zur Seite zu nehmen. Daher ist es günstiger, das Leckerli von einem Helfer geben zu lassen, während man selbst versucht, den Pferdekopf mit den Zügeln gerade zu halten.

Mit fortschreitender Beweglichkeit kann man kurzzeitig eine stärkere Halsbiegung (Überbiegen) verlangen, bis das Pferd mit der Nase etwa auf die Höhe der Gurtlage kommt. Dazu nehmen Sie den Zügel über dem Widerrist in Richtung des Kniegelenks des Pferdes an.
Nach der Dehnung der äußeren Halsseite, nehmen die meisten Pferde den Kopf tiefer und entspannen sich. Der erste Schritt zum Geraderichten ist getan.

Exkurs: Was Pferde mit Bananen gemeinsam haben

Die natürliche Schiefe, ihre Folgen für das Reitpferd und der Weg zum Geraderichten

In fast allen Reitweisen wird Stellung und Biegung ins Training eingebaut. Betrachten wir als erstes den Hintergrund dieser seitlichen Dehnung: Jedes Pferd hat von Geburt an eine hohle Seite, in die es in seiner Längsachse leicht gebogen ist. Von oben gesehen sieht es ein bisschen aus wie eine Banane. Nicht nur der Hals und die Wirbelsäule sind leicht verbogen, auch die Beine einer Seite sind dadurch nicht parallel, sondern die Vorder- und Hinterhufe der gleichen Seite fußen seitlich versetzt auf. Logischerweise fußt das Hinterbein auf der hohlen Seite weiter außerhalb des Körperschwerpunktes, das Hinterbein der steifen Seite meist weiter unter dem Körper. Die stärker gedehnte Seite nennt man steife Seite oder Zwangsseite, den gesamten Zustand die natürliche Schiefe.
Solange ein Pferd nicht belastet wird und sein Leben frei auf großen Flächen verbringt, ist die Schiefe kein Problem für seine Gesundheit. Anders sieht es beim Reitpferd aus. Durch die Schiefe belastet es ein diagonales Beinpaar immer etwas mehr, was durch das Reitergewicht zu Überlastungserscheinungen und bleibenden Schäden an Gelenken, Sehnen und Bändern führen kann. Das gilt auch für Freizeitpferde, die »nur gemütlich geradeaus im Gelände« unterwegs sind.

»Geraderichten« ist die Lösung dieses Problems in allen Reitweisen. Um ein Pferd geradezurichten, muss es erst einmal gebogen werden, um beide Seiten gleich flexibel zu machen. Die durch das Biegen gewonnene Lockerheit führt auch zur Nachgiebigkeit in der Horizontalen, sprich das Pferd dehnt den Hals und hebt Widerrist und Rücken an, so dass es das Reitergewicht gesünder tragen kann.

Der Unterschied zwischen Stellung und Biegung

Im Genick des Pferdes vorne zwischen den Ohren kann man das Hinterhauptbein fühlen. Daran ist

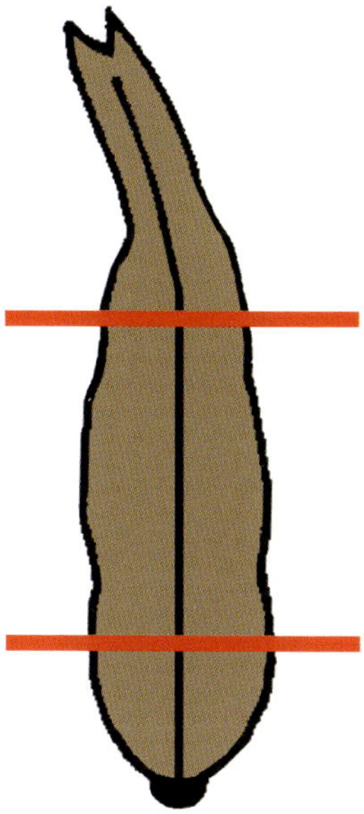

Stellung.

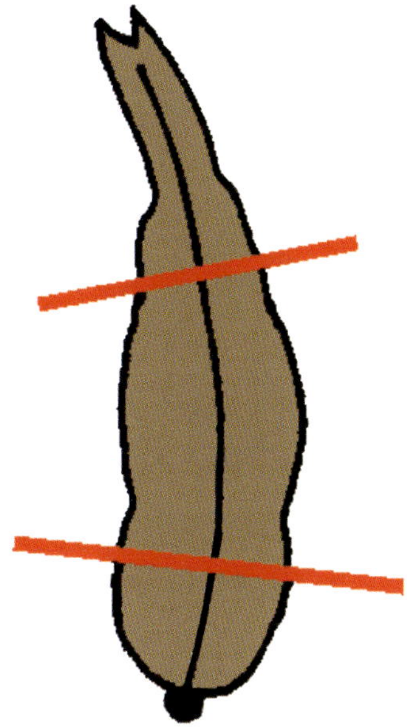

Biegung.

der erste Wirbel der Halswirbelsäule befestigt. Das Genick des Pferdes muss gestellt sein, damit eine Biegung im ganzen Körper stattfinden kann. Diese Genickstellung passiert im Drehgelenk, zwischen dem ersten Halswirbel (Atlas) und dem zweiten Halswirbel (Dreher). Dieses Drehgelenk hat keine gerade Mittelstellung, sondern ist immer leicht in eine Richtung gedreht. Die Stellung im Genick führt idealerweise zu einer Biegung entlang der Wirbelsäule, die sich bis zum Becken fortsetzt.

Solange das Genick in der falschen Lage bleibt, ist eine Längsbiegung anatomisch nicht möglich. Wie weit sich das Pferd biegen kann, liegt neben dem lockeren Genick auch an der Biegsamkeit der Brustwirbel und an der Dehnfähigkeit der Muskulatur. Denn beim Biegen wird die Muskulatur der äußeren Seite des Pferdes gedehnt, während sich die Innenseite verkürzt. Bis sich ein Pferd also auf beiden Seiten gleichmäßig gut biegen kann, muss es viel gymnastiziert werden.

Wird zwar der Kopf nach innen gedreht, das Pferd verwirft sich jedoch im Genick, ist die Biegung im Drehgelenk nicht mehr möglich. Dadurch kommt automatisch die innere Hüfte an eine falsche Position und das Hinterbein weicht seitlich aus, statt unter den Körperschwerpunkt zu treten. Eine gerade Kopfhaltung (Ohren auf gleicher Höhe) mit der Nase vor der Senkrechten geben der Wirbelsäule des Pferdes eine gleichmäßige Biegung vor, die sich bis zur Hüfte fortsetzt. Die dadurch vorgeschobene innere Hüfte erlaubt dem inneren Hinterbein, weit in Richtung Schwerpunkt vorzuschwingen und mehr Gewicht aufzunehmen.

Die Grundposition bei der Handarbeit.

Angehen, Führen und Biegen mit Zügeln

Stellen Sie sich hinter dem Pferdeauge zunächst links neben Ihr Pferd. Den inneren linken Zügel fassen Sie kurz, also ganz nah am Kappzaum und später bei der Arbeit mit der Trense direkt hinter dem Trensenring. Den äußeren rechten Zügel legen Sie über den Widerrist und nehmen ihn so auf, dass Sie die Gerte waagrecht auf Kniehöhe des Pferdes tragen können. Ihre Oberarme bleiben möglichst senkrecht, damit sie nicht so schnell ermüden, die rechte Hand wird möglichst weit hinten getragen. Das Pferd soll »zwischen den Händen« geführt werden.

Legen Sie die Gerte von oben in die Hand, damit Sie fein und präzise einwirken können. Die Gertenspitze soll näher am Pferd sein als der Knauf. Solange sich das Pferd korrekt stellen lässt, ohne auf die innere Schulter zu fallen oder gegen Sie zu drücken, berühren Sie das Pferd bei der Arbeit nie mit der Gertenhand.

Drehen Sie Ihren Oberkörper in die Bewegungsrichtung, die Augen schauen auf das Ziel. Auf dem Zirkel blickt man zum Beispiel immer auf den nächsten Zirkelpunkt. Zum Losgehen geben Sie das Stimmkommando, das Ihr Pferd von der

Bodenarbeit schon kennt und tippen es, falls nötig, mit der Gerte auf der Kruppe an. Gehen Sie aufrecht und in ruhigem Takt. Am besten treten Sie mit dem Absatz zuerst auf. Das Tempo regulieren Sie durch Veränderung der Schrittlänge, Treiben mit der Gerte und mit weichen Paraden hauptsächlich am äußeren Zügel. Schließen Sie die Fäuste, damit die Zügel nicht durchrutschen können.

Nun üben Sie erst einmal, in dieser ungewohnten Position zu gehen. Das alles fühlt sich ziemlich ungewohnt und wackelig an? Nur Geduld, auch wir Menschen müssen das Gehen im Gleichgewicht in der Handarbeitsposition erst lernen. Auch wenn es verlockend ist: Stützen Sie sich dabei nicht am Pferd ab, denn wenn Sie Ihr Gleichgewicht nicht halten, kann es Ihr Pferd auch nicht.

Gehen Sie anfangs geradeaus, später hauptsächlich gebogene Linien in verschieden großen Radien wie Zirkel, Volten und Schlangenlinien.

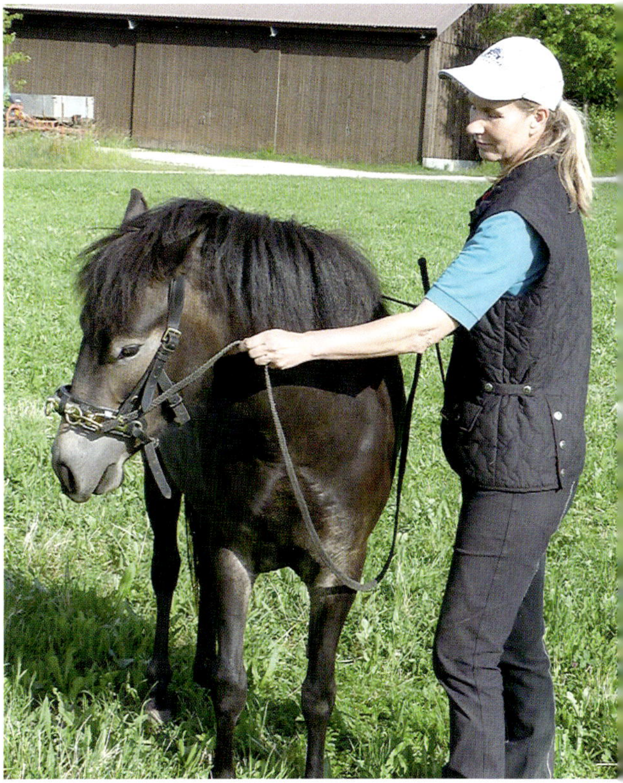

Verworfen im Genick: Das linke Ohr ist tiefer als das rechte.

Korrektur des verworfenen Genicks

Wir erinnern uns: Bei der korrekten Stellung ist der Mähnenkamm zu der Richtung gekippt, in die das Pferd gestellt ist. Beide Ohren sind auf gleicher Höhe. Bei ungeübten und wenig gymnastizierten Pferden kommt es häufig vor, dass sie sich bei deutlicher Biegung im Genick verwerfen, ein Ohr also höher getragen wird als das andere.

Zur Korrektur geben Sie am Zügel leichte, zupfende Impulse nach oben auf der Seite mit dem tieferen Ohr (normalerweise außen). Reicht das noch nicht und sieht der Hals »brettartig« steif und nicht genügend gebogen aus, können Sie unterstützend mit den Fingerknöcheln der Gertenhand langsam von hinten nach vorne entlang der Muskulatur auf Höhe der Halswirbelsäule streichen (Impulse, nicht Dauerdrücken!), bis der Mähnenkamm nach innen kippt und die Ohren gleich hoch sind.

Das Pferd fällt auf die innere Schulter

»Lehnt« sich das Pferd in der Wendung nach innen wie ein Motorrad in der Kurve, kommt zu viel Gewicht auf das innere Vorderbein und es kann sich nicht korrekt biegen. Touchieren Sie es mit der flach gehaltenen Gerte an der Schulter, bis es die Schulter anhebt und kontrollieren Sie, ob Sie

Das Pferd läuft über die äußere Schulter weg.

genug Kontakt mit dem Außenzügel aufgenommen haben.

Das Pferd läuft über die äußere Schulter weg

Besonders auf der hohlen Seite neigen viele Pferde dazu, sich zu überbiegen und über die äußere Schulter nach außen abzudriften. Die erste Reaktion sollte immer ein Nachgeben am inneren Zügel sein. Als Zweites prüfen Sie, ob Sie genug Kontakt am Außenzügel aufgenommen haben, um das Pferd damit zu führen und auf der Außenseite zu begrenzen. Stellen Sie das Pferd höchstens so weit nach innen, dass sich der äußere Nüsternrand auf Höhe des inneren Buggelenks befindet.

Gewöhnung ans Gebiss

Soll das Pferd später mit Gebiss geritten werden, ist jetzt ein guter Zeitpunkt, mit der Gewöhnung zu beginnen. Sobald das Pferd die ersten Handarbeitslektionen kennt und entspannt ausführt, schnallen Sie das Gebiss einfach in die Bithanger oder den Extra-Riemen des Kappzaums und lassen es das Pferd während des Trainings »spazieren tragen«. Wildes Darauf-Herumkauen und Knatschen ignorieren Sie (vorausgesetzt das Gebiss passt!) und arbeiten einfach ruhig weiter. Nach einiger Zeit (meist mehreren Übungseinheiten) sollte das Pferd sich daran gewöhnt haben und idealerweise nur leicht und entspannt darauf kauen.

Falls es länger Schwierigkeiten damit hat, prüfen Sie, ob es gerade mit dem Zahnwechsel kämpft. Ansonsten probieren Sie ein anderes (evtl. dünneres) Gebiss oder ein anderes Metall (zum Beispiel Kupfer mit süßlichem Geschmack). Meiner Erfahrung nach mögen Pferde entweder ein doppelt gebrochenes oder ein einfach gebrochenes Trensengebiss. Kaum eins kommt mit beiden gleich gut zurecht. Und die meisten Trensen aus dem Englisch-Bereich sind zu dick, um in einem kleinen Maul bequem zu liegen.

Sobald Gebiss-Nehmen und -Tragen zur Routine geworden ist (versüßt von einigen Leckerli), schnallt man ein zweites Paar Zügel in die Trensenringe. Anfangs trägt man die Zügel durchhängend in der Hand und arbeitet wie gewohnt am Kappzaum, nach und nach werden sie kürzer, bis sie gleich viel Kontakt wie die Kappzaumzügel haben. Dieser Prozess geht über mehrere Tage bis Wochen, je nachdem wie Ihr Pferd das Gebiss annimmt. Idealerweise kaut es leicht und am Maulwinkel bildet sich feiner weißer Schaum. Geben Sie ihm ruhig ab und zu ein kleines Leckerli, um sich die Arbeit zu erleichtern.

Durchparieren

Um das Pferd gerade zu halten, können Sie anfangs an der Bande oder an einem Zaun als seitlicher Begrenzung üben. Das Pferd soll auf Kommando und leichte Zügeleinwirkung anhalten und dabei möglichst Gewicht mit der Hinterhand aufnehmen, statt mit Krawumm auf der Vorhand zu stoppen. Wie es das Pferd aus der Bodenarbeit schon kennt, gehen Sie deutlich vor dem Pferdeauge und drehen Sie Ihre vom Pferd abgewandte Schulter in seine Richtung. Reagiert das Pferd auf das Stimmkommando und leichte Impulse am Zügel noch nicht, tippen Sie mit der Gerte auf das von Ihnen abgewandte Buggelenk. Achten Sie darauf, dass der Pferdehals und -kopf gerade bleiben, die Halswirbelsäule also genau die Verlängerung der Brust- und Lendenwirbelsäule ist.

Reagiert das Pferd noch immer nicht, ist es hektisch und unkonzentriert oder büffelig ignorant, hilft der Nothalt: Drehen Sie mit gestrecktem Arm

Kappzaum mit Gebiss.

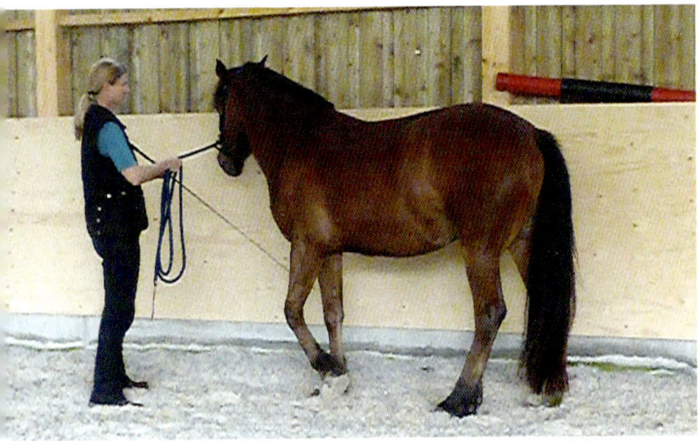

Nothalt: Pferdekopf zur Wand drehen.

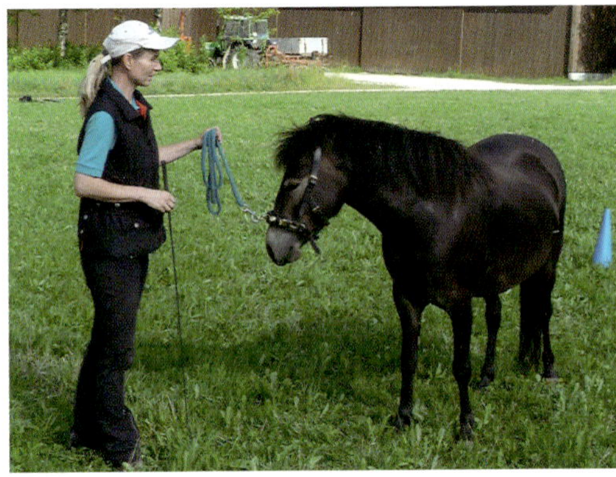

Geschlossen zu stehen lernen die meisten Pferde schneller mit den Vorderbeinen als mit den Hinterbeinen.

seinen Kopf in Richtung Wand und geben Sie ein deutliches Signal mit der Gerte auf der Brust.

Vom einfachen Anhalten zum geschlossenen Stehen

Nicht nur für die Dressur ist es erwünscht, dass sich Pferde korrekt geschlossen hinstellen, das Gewicht auf allen vier Beinen gleichmäßig verteilt. Hat ein Pferd diese Übung gründlich gelernt, wird es fast immer geschlossen halten, auch wenn die Hilfen mal nicht so perfekt gegeben werden.

Dieses Ziel kann man bei der Handarbeit in drei Schritten erreichen:
1) Anhalten, egal wie – Hauptsache das Pferd bleibt auf das Kommando »Halt«, unterstützt von der Körpersprache stehen. Wie die Beine stehen, ist erstmal nebensächlich.
2) Auf Antippen mit der Gerte hinten am Röhrbein, das weiter hinten stehende Bein vorwärts setzen lassen. Dafür häufig Lob + Leckerli geben.
3) Beine lotrecht geschlossen hinstellen lassen. Bleibt das Pferd auf Anhieb mit den Vorderbeinen (und später mit allen Vieren) geschlossen stehen, anfangs immer sofort Lob + Leckerli geben.

Die ersten Schritte seitwärts – vom Übertreten lassen zum Schulterherein

Schulterherein wird gerne »das Aspirin der Reiterei« genannt: Ein Mittel für alles (Gehorsam, Lockerheit …) und gegen alles (Scheuen, Ungehorsam, zur Konzentration des nervösen Pferdes auf den Reiter …).

Schulterherein.

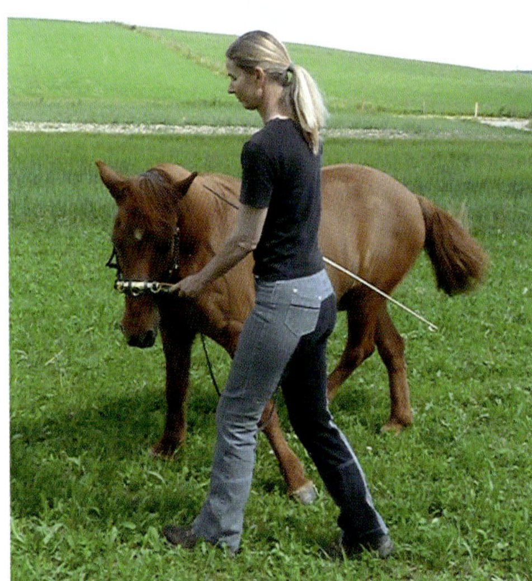

Tippen Sie zum Antreiben das Pferd auf der Kruppe mit der Gerte an. Möchten Sie ein Hinterbein gezielt ansprechen, tippen Sie auf die entsprechende Kruppenseite.

Beim Schulterherein wird das Pferd gegen die Bewegungsrichtung gestellt und gebogen.

In der klassisch-barocken Version geht es auf vier Hufschlägen vorwärts-seitwärts mit einer Abstellung von 45° zur Grundlinie (Hufschlag, Zirkel). Die Hinterbeine bewegen sich auf der Grundlinie, die Schultern entsprechend weiter innen. Durch die Biegung des Pferdes überkreuzt es die Hinterbeine. Diese Lektion lockert Schultern, Rücken und Hüften, dehnt und streckt die Muskeln in der Bewegung. Durch die Biegung in der gesamten Wirbelsäule tritt das innere Hinterbein mehr unter den Schwerpunkt und nimmt damit mehr Last auf. Das barocke Schulterherein wirkt also gleichzeitig lösend und versammelnd.

In der modernen Dressur wurde das Schulterherein abgeändert. Die gewünschte Abstellung beträgt hier nur 30° zur Grundlinie, die Hinterbeine sollen geradeaus gehen. Die Vorderbeine werden so weit in die Bahn hineingeführt, wie die Biegung hergibt, etwa 30° beim biegsamen, elastischen, ausgebildeten Pferd, beim noch ungeübten etwas weniger. Das Pferd bewegt sich in dieser Abstellung auf drei Hufschlägen, das heißt, der innere Hinterhuf tritt in die Spur des äußeren Vorderhufs. Diese Übung fördert stärker die Biegung und das Untertreten des inneren Hinterbeins. Beiden Versionen sind ohne Zweifel nützlich und sollten abwechselnd geübt werden.

Übertreten lassen

Wir beginnen mit der einfachen Seitwärtsbewegung und lehren das Pferd überzutreten (beim Reiten Schenkelweichen genannt). Das Übertreten hat eine lösende Wirkung und übt das flüssige seitliche Überkreuzen der Beine, das auf die Verbesserung von Koordination, Geschicklichkeit, Flexibilität und Elastizität der Bewegung großen Einfluss hat.

Das Pferd sollte bei der Bodenarbeit schon gelernt haben, mit der Hinterhand zu weichen. Nun gehen Sie auf Schulterhöhe und führen die Vorhand mit einer Abstellung von etwa 45 Grad in Richtung Bahnmitte. Stellen Sie das Pferd im Genick leicht nach innen und touchieren das innere Hinterbein kurz bevor das Bein abhebt, bis es kreuzt.

Gehen Sie selbst in ruhigem Tempo aber flüssig im Takt geradeaus und halten Sie Kontakt am äußeren Zügel. Er verhindert, dass Ihr Pferd nach innen oder außen drängt. Schauen Sie deutlich nach vorne, nicht auf das Pferd, so geht Ihr Pferd besser vorwärts und kann sein Gleichgewicht leichter halten.

Zu Beginn reichen schon ein paar Tritte seitwärts, nach und nach können Sie es auf eine ganze lange Seite steigern und auf anderen Grundlinien wie auf der Diagonalen oder auf dem Zirkel gehen.

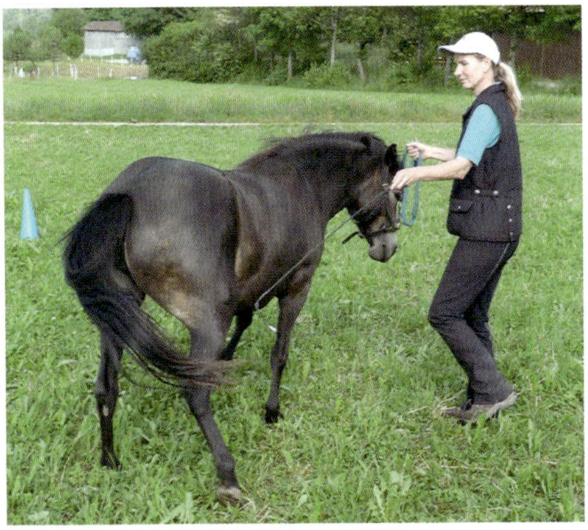

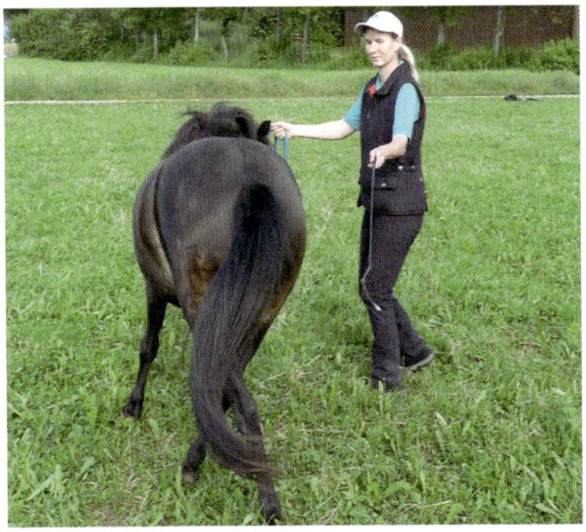

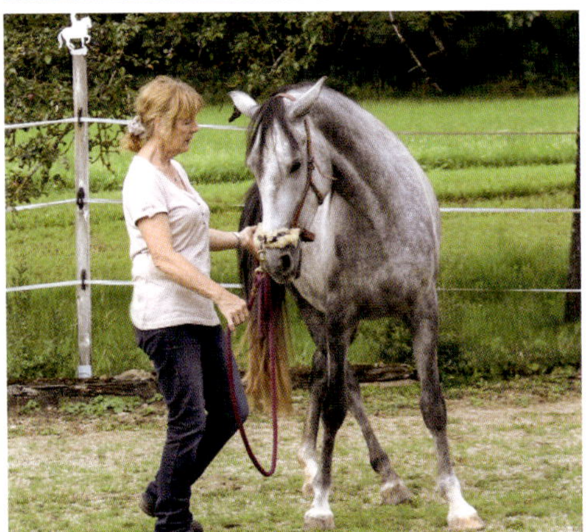

oben, Mitte und unten: Übertreten lassen als Vorbereitung zum Schulterherein.

Zum Anhalten gehen Sie wieder deutlich vor das Pferd und stellen es gerade. Hat es in den Automatikmodus geschaltet und büffelt weiter seitwärts, wechseln Sie die Gerte in die äußere Hand und touchieren das Pferd auf der äußeren Körperseite.

Problem: Das Pferd drängt vorwärts nach innen

Gehen Sie deutlich vor dem Pferd und geben Sie Paraden am Außenzügel. Notfalls gehen Sie auf einer gebogenen Linie weiter seitwärts oder halten an und beginnen neu.

Problem: Das Pferd läuft über die äußere Schulter weg

Das passiert meistens auf der hohlen Seite des Pferdes. Fast immer liegt es an zu viel Einwirkung am inneren Zügel und zu wenig Kontakt am äußeren. Achten Sie darauf, das Pferd nicht zu überbiegen. Notfalls stellen Sie es auf seiner hohlen Seite erst einmal ganz gerade und fragen nach und nach mit klarer Führung am Außenzügel ein wenig Innenstellung ab.

Schulterherein

Entwickeln Sie die ersten Schritte Schulterherein am besten direkt nach einer Ecke oder auf einer gebogenen Linie, zum Beispiel auf der Volte: Dabei ist das Pferd schon nach innen gestellt. Behalten Sie die Stellung bei, drehen Sie Ihre Schultern mehr dem Pferd zu und touchieren das innere Hinterbein, kurz bevor es vom Boden abhebt. Fordern Sie zu Beginn nur einige wenige Schritte.

Der Übergang vom Schritt (später auch aus dem Trab) zum Schulterherein sollte flüssig sein, Takt und Tempo sollten beibehalten werden.

Später lohnt es sich, beim Übertreten und Schulterherein an der Hand (und beim Reiten) mit unterschiedlichen Abstellungen zu »spielen« – von 30° bis 90°. Das trainiert unterschiedliche Muskeln und fördert Dehnung, Durchlässigkeit (Reaktion auf die Hilfen) und Flexibilität. Zusätzlich können Sie kleine Zirkel und Achten abwechselnd im Schulterherein und Konterschulterherein (Pferd wird nach außen gebogen) üben.

Tempiwechsel und Trab an der Hand

Logischerweise ist das Traben an der Hand nur in einem kontrollierten, ruhigen Tempo, hauptsächlich auf kleineren gebogenen Linien möglich, was dem Pferd schon einiges an Gleichgewicht abfordert. Beginnen Sie also erst damit, wenn das Pferd im Schritt bereits entspannt und korrekt gebogen gehen kann.

Geben Sie zum Antraben eine sehr feine Hilfe mit dem inneren Gefühl »das Pferd in den Trab hineingleiten zu lassen«, sonst kann es schnell zu einer kleinen Explosion kommen. Gehen Sie mit langen ruhigen Schritten mit, nicht laufen! Arbeiten Sie in ruhigem Tempo auf kleinen gebogenen Linien, biegen deutlich und lassen das Pferd immer wieder Schulterherein in verschiedenen Abstellungen gehen. Wird es zu schnell, parieren Sie am äußeren Zügel ab und verkleinern evtl. die Kreislinie.

Problem: Das Pferd eilt und wird hektisch

Lassen Sie sich von der Hektik nicht anstecken! Treten Sie fest mit den Fersen auf, gehen Sie stoisch im gewünschten Takt weiter (atmen nicht vergessen). Stellen Sie sich vor, wie Sie aufrecht, stolz und souverän neben dem Pferd herschreiten.

Übergänge

Übergänge wie Antreten lassen aus dem Halten in den Schritt und später in den Trab trainieren die Muskulatur und fördern die Lastaufnahme der Hinterhand.

Für Fortgeschrittene und einen schönen Knackpo beim Pferd: Die Schaukel = Schritt – Trab – Halten – Rückwärts – Halten – Trab

Vorübung zum »Reiten und Lenken«

Diese Übung kommt nicht aus der klassischen Handarbeit, hat sich bei mir aber als Vorbereitung zum Reiten sehr bewährt. Man geht dabei weiter hinten, auf Höhe der Sattellage, und trägt die Hände in der gleichen Position wie beim Reiten. Bei nicht allzu großen Pferden kann man mit direkter Zügelführung arbeiten, sprich geht man links vom Pferd, hält man die rechte Hand auf der

Vorsicht explosiv! Das Pferd sollte vor dem Antraben konzentriert und losgelassen sein und genügend freie Bewegung gehabt haben.

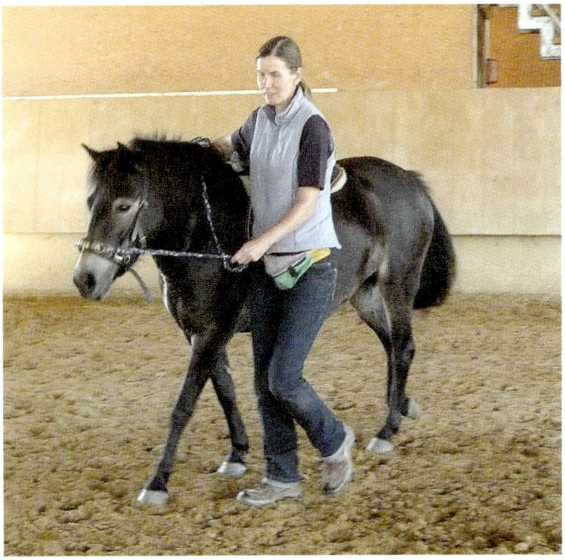

Führen- und Lenken-Üben auf Sattelhöhe.

rechten Halsseite des Pferdes. Bei sehr großen Pferden (oder kleinen Reitern) halten Sie die Zügel wie bei der Handarbeit auf der Führseite.

Vielleicht werden Sie überrascht sein, was diese wenigen Zentimeter weiter hinten gehen für einen großen Unterschied für das Pferd bedeuten! Diese Position bringt das Pferd weg vom »geführt werden«, weil es selbständig vorangehen muss. Die Richtung bestimmen Sie nicht mehr mit Ihrer Körpersprache, sondern das Pferd soll auf die direkte Zügelführung und auf Touchieren mit der Gerte an der Gurtlage reagieren (bei kleineren Pferden auch auf der Außenseite, dabei evtl. mit zwei Gerten arbeiten).
Diese Position ist ein guter Test, ob die für das Anreiten so wichtigen Stimmhilfen für »Halt« und »An« (Losgehen) zuverlässig etabliert sind.

Longieren

Longieren ist eine altbekannte und bewährte Vorbereitung auf das Anreiten. Korrektes Longieren ist wertvoll für die Arbeit an der Längsbiegung, an Takt und Losgelassenheit, besonders in den höheren Gangarten. Der Ausbilder kann durch den größeren Abstand das Gangverhalten seines Pferdes besser beurteilen, z.B. ob es eilig oder verhalten geht, sich im Rücken loslässt und schwingt oder festhält, über die äußere Schulter wegläuft, auf die innere Schulter fällt, die Hinterhand aktiv vor- und untertritt, ob es Taktfehler macht oder mit einem Bein kürzertritt. Zudem ist der Fortschritt beim Geraderichten gut zu beobachten. Spurt das Jungpferd anfangs noch schief und nach außen, sollten die Hinterhufe nach einigem Üben auch auf der gebogenen Linie in oder über die Spur der Vorderhufe treten.

Gute Longenarbeit bereitet das junge Pferd optimal auf seine Aufgabe als Reitpferd vor und trainiert es muskulär auf. Ist das Jungpferd durch Boden- und Handarbeit schon gut vorbereitet, lernt es meist schnell, gebogen und balanciert auf einer größeren Kreislinie zu gehen.

Ausrüstung

Das wichtigste »Werkzeug« zum Longieren ist ein gut passender Kappzaum (siehe »Handarbeit«). Er wirkt über den Nasenrücken und schont das empfindliche Pferdemaul.

Eine kurze Longe mit ca. 5,50 Metern ist für den Anfang handlicher. Man hat nicht so viele Schlaufen in der Hand, wenn man in näherer Distanz arbeitet. Für das begleitete Longieren, bei dem der Longenführer innen auf einem kleineren Kreis mit-

Longieren über Stangen mit guter Haltung des Pferdes ohne Hilfszügel.

läuft, ist eine Pony-Fahrpeitsche leicht und bequem zu tragen. Für empfindliche Pferde hat es sich bewährt, die Longe mit einer Schnalle in den Kappzaum zu schnallen, so dass kein Haken auf der Nase baumelt und stört.

Streitthema Hilfszügel

Gymnastizierendes Longieren ohne Ausbinder und andere Hilfszügel?

Bei der Frage »Longieren mit oder ohne Hilfszügel« scheiden sich die Geister. Starre Ausbinder nehmen dem Pferd die Möglichkeit den Hals zu strecken und den Kopf tiefer zu stellen und sollen es in eine feste Form pressen. Jeder, der sich mit der Funktion der Muskeln beschäftigt, wird bald herausfinden, dass solche starren Hilfszügel kontraproduktiv für jedes sinnvolle Muskeltraining sind, das von abwechselnder An- und Entspannung lebt.

Durch die Trensenringe laufende Varianten, wie Laufferzügel oder Dreieckszügel können für manche Pferde eine Hilfe sein, das Gebiss anzunehmen und sich ans Gebiss heranzudehnen. Die Longe wird dabei zur Schonung des Pferdemauls immer im Kappzaum eingeschnallt. Die Hilfszügel werden grundsätzlich so lang verschnallt, dass die Pferdenase leicht vor der Senkrechten getragen wird. Entscheidend für den Erfolg dieser Methode ist das korrekte Herantreiben des Pferdes ans Gebiss von hinten nach vorne. Hebt das Pferd dabei den Widerrist und arbeitet mit schwingendem Rücken bei leichter Anlehnung, gut mittretenden Hinterbeinen und pendelndem Schweif, werden die Gänge schwungvoller und erhabener, ist das Ziel erreicht.

Bei falscher Anwendung, zu kurz verschnallten Hilfszügeln, zu wenig Energie aus der Hinterhand und unpassendem Tempo kommt das Pferd auf die

Korrekt aufgenommene Longe, der Zeigefinger wird über die Schlaufen gelegt.

Vorhand und verkriecht sich entweder hinter dem Zügel oder geht dagegen. Dabei wird zum Einen durch den Gegenzug gegen die Hilfszügel der unerwünschte Unterhalsmuskel trainiert, zum Anderen wird Rücken dabei nach unten durchgedrückt, was zu Muskelverspannungen führt. Die Hinterbeine »laufen hinterher« und treten nicht aktiv vor – ein unerfreuliches Bild, das man in Reitbahnen leider immer noch häufig sieht!

Ich selbst stehe dem Einsatz von Hilfszügeln kritisch gegenüber und habe sehr gute Erfahrungen mit dem Longieren am Kappzaum ohne Hilfszügel gemacht. Ein Pferd braucht keinen Zügel, damit es zur Selbsthaltung (der Name sagt es schon: Selbst-Haltung, ohne Stütze eines (Hilfs-)Zügels) findet. Entspannung und dadurch die Dehnung wird durch korrektes Biegen auf der Kreislinie und eine (durch Vorwärtstreiben) aktivierte Hinterhand erreicht. Das braucht viel Übung, Zeit und Geduld!

Gustav Steinbrecht schreibt in seinem Buch »Gymnasium des Pferdes« über den Einsatz von Hilfszügeln: »Alle toten Vorrichtungen und Hilfszügel, also solche, die durch Festbinden oder Schnallen eine gleichförmige Wirkung äußern, schaden ohne Ausnahme mehr als sie nützen, da sie sämtlich das Maul des Pferdes verderben, denn die Einwirkungen durch das Gebiss können nur von der lebenden und feinfühlenden Hand des Reiters richtig abgewogen werden.« Aus diesem Grund sollten Sie die Longe auch nie am Gebiss einhängen.

Vom Führen in Stellung zum Longieren

Das Training beginnt an der kurzen Longe und mit einer 1,20 Dressurgerte oder einer Pony-Fahrpeitsche. Legen Sie die Longe mit der Oberseite nach oben in die Hand so in Schlaufen, dass die erste Schlaufe die größte ist (aber nicht tiefer als Kniehöhe, damit Sie nicht darüber stolpern), die folgenden werden immer kleiner. Die Longe wird langsam höchstens so weit herausgelassen, bis noch eine letzte Schlaufe als Sicherheit zum weiteren Nachgeben bei Problemen in der Hand bleibt.

Halten Sie die Longenhand wie die Zügelhand mit geradem Handgelenk aufrecht mit dem Daumen nach oben. Der Oberarm hängt gerade herunter, der Ellbogen liegt am Körper, Unterarm und Longe ergeben eine gerade Linie zum Kappzaum.

Das Pferd sollte beim Führen in Stellung bereits gelernt haben, auf einen leichten zupfenden Impuls am Kappzaum in die gewünschte Richtung nachzugeben.

Führen Sie Ihr Pferd zunächst auf eine Volte in der Dreiecksposition (siehe Bodenarbeit). Gehen Sie

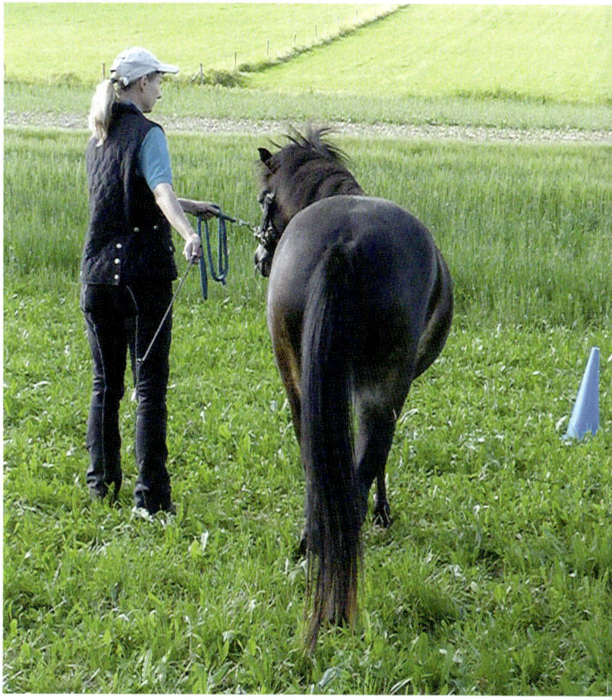

Kreis vergrößern aus der geführten Volte.

dabei flüssig vorwärts, treiben Sie das Pferd bei Bedarf durch Antippen auf der Kruppe an. Dann lassen Sie das Pferd den Kreis vergrößern, indem Sie es an der Schulter, am Widerrist oder an der Gurtlage antippen und es dabei weiter fleißig vorwärtsgehen lassen.

Sie bewegen sich dabei immer vorwärts. Die Longe sollte eine Verbindung (leichte Anlehnung) zum Pferd haben, also nicht durchhängen. Schicken Sie das Pferd mit der Peitsche in Richtung Schulter/Gurtlage nach außen und achten Sie darauf, dass die Stellung erhalten bleibt. Anfangs geht das nur kurz, dann braucht das Pferd eine Pause. Stellt es sich gerade oder gar nach außen, erinnern Sie das Pferd durch leichtes Zupfen an der Longe an die Innenstellung. Unterstützend wirkt die Peitsche, die auf die Pferdeschulter zeigt und die Schulter heraustreibt. Gehen Sie nur soweit auf Abstand, wie das Pferd noch die Stellung halten kann.

Innere Schulter anheben

Auf der Kreislinie wird die Vorhand auf die Wendung eingestellt. Dabei ist die Schulterkontrolle wichtig. Wenn die innere Schulter »oben bleibt«, statt sich wie ein Motorrad in die Kurve zu legen, bleibt auch die Brust waagerecht und die Beine senkrecht zum Boden.

Probleme beim Stellen

Ihr Pferd möchte sich auch nach einigem Üben ungern stellen lassen und wehrt sich, zum Beispiel durch Buckeln an der Longe, wenn man leichte Zupfbewegungen zur Stellung gibt? Reagiert das Pferd heftig auf seitliche Einwirkung, könnte es Genickprobleme haben, zum Beispiel einen verschobenen Atlaswirbel. Lassen Sie von einem Osteopathen abklären, ob Behandlungsbedarf besteht.

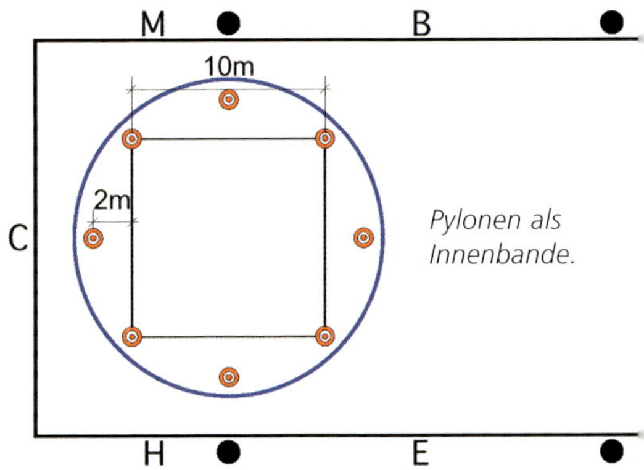

Pylonen als Innenbande.

Pylonen und Stangengassen

Ein nützliches Hilfsmittel, um das Kippen über die innere Schulter und das Nach-Innen-Laufen zu verhindern, ist die Innenbande: Dafür brauchen Sie 8 Pylonen. Stellen Sie zuerst vier Pylonen an die Ecken eines Quadrats mit mindestens 10 Metern Kantenlänge. Ergänzen Sie jeweils eine Pylone in der Mitte zwischen zwei Pylonen etwa zwei Meter nach außen versetzt, sodass ein Kreis entsteht. So erleichtern Sie sich und Ihrem Pferd den Weg und die Biegung auf der exakten Kreislinie.

Ist das Pferd schon etwas fortgeschritten, können Sie für mehr Abwechslung und Konzentration Pylonentore (zwei Pylonen im Abstand von einem Meter) und Stangengassen (Abstand 80 cm bis ein Meter) in der ganzen Bahn verteilt aufbauen und das Pferd an der Longe auf Abstand in verschiedenen Figuren hindurchgehen lassen. Denken Sie daran, das Pferd immer gerade an die Gasse heranzubringen. Der Wechsel zwischen geradeaus und gebogenen Linien fördert Flexibilität, Konzen-

Der Longenführer geht viel zu weit vorne und bremst das Pferd aus.

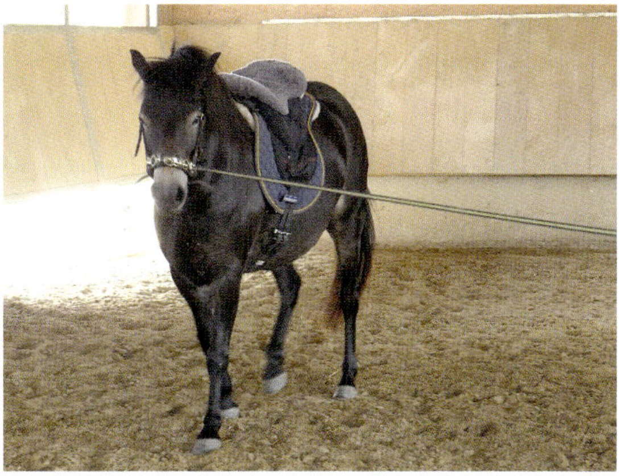

Die Longe soll immer eine leichte Anlehnung haben.

tration und Gleichgewicht. Mit mehr Übung können die Tore/Gassen enger werden.

Wechseln Sie durch Veränderung der Führposition zwischen größeren und kleineren Kreisen sowie Geradeausstrecken zur Erholung, in denen sich das Pferd strecken kann und darf. Je weiter hinten Sie am Pferd gehen, desto enger wird die Volte. Wenn Sie auf Kopfhöhe mitgehen, wird Ihr Pferd geradeaus gehen. Manche, besonders sensible, Pferde halten dann schon an, weil sie sich gebremst fühlen. Treiben Sie Ihr Pferd in einem solchen Fall freundlich weiter (Kommando: Weiter).

Fühlt sich das Pferd ausgebremst, weil Sie immer wieder zu weit nach vorne geraten, gibt es eine einfache Hilfe für die richtige Position: »Verfolgen« Sie das Kniegelenk des Pferdes. Finden Sie die Stellung heraus, in der Ihr Pferd anhält (Schultern zum Pferd drehen) und die, in der es am besten versteht, geradeaus zu gehen (drehen Sie Ihre Schultern deutlich in die Bewegungsrichtung).

Vom kleinen zum großen Kreis

Nun schicken Sie mit der Longierpeitsche das Pferd von sich weg auf eine größere Kreislinie. Körpersprachlich können Sie das unterstützen, indem Sie einen angedeuteten Schritt auf das Tier zu machen, d. h. Sie schieben Ihr Becken vor und setzen das hintere (auf der linken Hand das rechte) Bein für kurze Zeit vor und sagen energisch »Raus!«.

Herausschicken auf den großen Kreis.

Nach ein paar Runden auf einem Zirkel lässt man (falls möglich wegen eventueller Mitreiter) das Pferd immer wieder eine Runde »ganze Bahn« gehen oder verschiebt den Zirkel ein Stück weiter in Richtung der freien Hallenseite. Dabei bewegt sich der Longenführer entlang der Längsmittellinie und das Pferd geht auf dem zweiten, dritten, vierten ... Hufschlag (je nach Länge der Longe) ein Stück geradeaus.

Problem: Ausbrechen aus der Kreislinie an der offenen Seite

Auf der großen Zirkellinie in höheren Gangarten kommt einige Dynamik in viele Pferde und manch eins versucht, auf der offenen Zirkelseite nach außen auszuweichen, über die Schulter wegzulaufen oder sich gar loszureißen. Passiert das einmal, sollten Sie sofort gegensteuern, bevor sich ein ernsthaftes Problem daraus entwickelt! Um das Ausbrechen zu vermeiden, begrenzt man die offene Zirkelseite, zum Beispiel mit einer Reihe Sprüngen, einem gespannten Baustellenband oder zwei bis drei mutigen Helfern mit Longierpeitschen, die sie waagerecht halten und so einen lebenden Zaun bilden.

Alternativ arbeitet man noch länger auf kleineren Zirkeln mit weniger Abstand zum Pferd und in so ruhigem, kontrollierten Tempo, dass kein Ausbrechen möglich ist. So kann man meist auch verhindern, dass das Pferd den Longenführer durch die Halle schleift, oder gar blitzschnell umdreht und in die andere (Lieblings-)Richtung weiterrennt. Notfalls braucht man einen Helfer, der mit der Longierpeitsche etwas mehr hinter dem Pferd geht und es nach vorne schickt, damit die Richtung eindeutig ist und ein Umdrehen vermieden wird.

Anhalten

Zum Anhalten machen Sie einen Schritt zur Seite, um etwas vor den Pferdekopf zu kommen, drehen ihm die innere Schulter (die Schulter der Longenhand) zu und heben die Longenhand und geben

Anhalten an der Longe.

im Bedarfsfall Arrêts (leichte zupfende Bewegungen an der Longe, keine Rucke!). Die Peitsche können Sie als zusätzliches Zeichen unter der Longe durch nach vorne nehmen. Die gleiche Körpersprache wie bei der Handarbeit nur jetzt mit mehr Abstand zum Pferd.

Hält Ihr Pferd nicht an, longieren Sie es gegen die Wand. Dazu laufen Sie einige Meter auf die Wand zu und schneiden ihm damit den Weg ab. Bringen Sie dabei die Peitsche vor das Pferd. Sie zeigt in Augenhöhe gegen die Wand.

Handwechsel

Für den Handwechsel gibt es verschiedene Möglichkeiten. Ich bevorzuge solche, bei denen das Pferd außen bleibt, also nicht zu mir in die Zirkelmitte kommen darf. Gerade wenn man viel mit Belohnungen arbeitet, verleitet dies das Pferd sehr, möglichst häufig zur Mitte zu drängeln, um sich vielleicht doch noch ein Leckerli abholen zu können.

Handwechsel an der kurzen Longe mit wenig Abstand zum Pferd: Dazu wechselt man die Peitsche einfach vor sich in die Longenhand und die Longe in die andere (die bisherige Peitschenhand). Stellen Sie mit leichten Impulsen an der Longe den Pferdekopf in Ihre Richtung und holen die Vorhand leicht nach innen, um zu verhindern, dass das Pferd sich nach außen umdreht und sich so die Longe um den Körper wickelt. Nun bremsen Sie das Pferd mit der Peitsche vor seiner äußeren Schulter und weisen ihm den Weg in die neue Richtung. Es soll mit dem Kopf zum Longenführer kehrtmachen. Die Longe sollte dabei nicht durchhängen, fassen Sie also nötigenfalls eine Schlaufe nach, damit das Pferd nicht hineintritt.

Beispiel: Handwechsel an der langen Longe, Wechsel von der linken zur rechten Hand

Parieren Sie das Pferd zum Halten durch und klemmen Sie sich die Peitsche so unter Ihren linken Arm, dass das Ende nach hinten zeigt. Nun nehmen die Longe in die rechte Hand, gehen langsam

»Notstopp« gegen die Wand an der Longe.

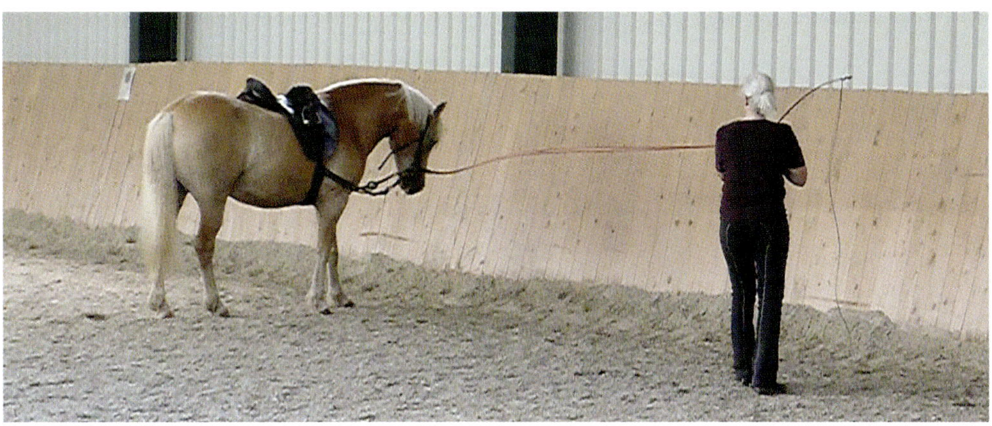

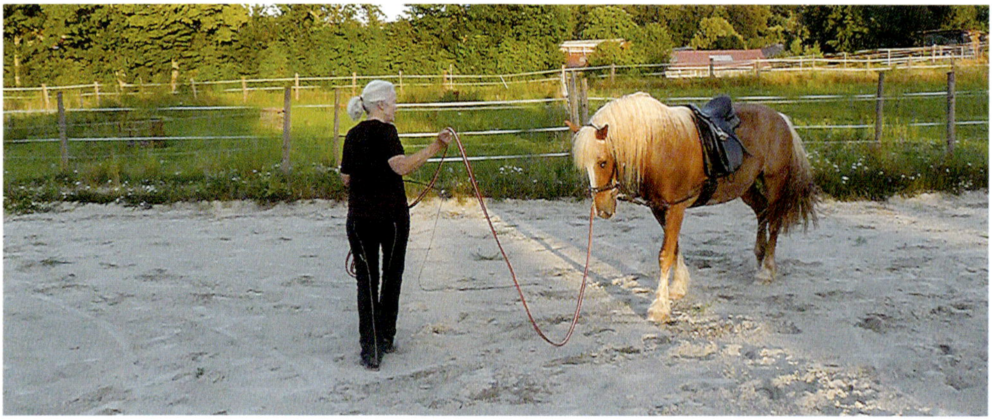

Handwechsel nach innen an der Longe.

auf das wartende Pferd zu und legen sie dabei wieder in Schlaufen passend zur neuen Richtung. Die Longe darf dabei nie bis zum Boden durchhängen, damit sie nicht zur Stolperfalle wird. Nun gehen Sie auf die neue innere (hier rechte) Seite des Pferdes, stehen auf Schulterhöhe und lassen es per Vorhandwendung umdrehen. Nun können Sie das Pferd wieder im Schritt antreten lassen, selbst langsam zurück in die Zirkelmitte gehen und dabei die Longenschlaufen herausgleiten lassen.

Problem: Das Pferd drängelt nach dem Anhalten nach innen in die Zirkelmitte

Hier müssen Sie schnell sein, nach dem Anhalten sofort zum Pferd hinaus auf die Zirkellinie laufen und dort belohnen. Notfalls halten Sie es mit der Richtung Pferdeschulter ausgestreckten Peitsche auf seinem Platz, während sie hinlaufen (Peitsche ruhig halten, nicht wild herumwedeln).

Pferd zu schnell?

Entgegen der leider oft üblichen Praxis ist Longieren nicht geeignet, um das Pferd sich »austoben« oder »ausbocken« zu lassen! An der Longe muss die Bewegung kontrolliert sein, weil heftige Bocksprünge oder schneller Trab und Galopp in Schräglage mit Außenstellung wegen der Fliehkräfte bei der Kreisbewegung die Gelenke enorm belasten und zu Verletzungen führen können.

Hat Ihr Pferd nicht genug (freie) Bewegung, sollten Sie für dieses Problem eine passende Lösung finden. Wenigstens einige Zeit auf der Koppel oder im Auslauf mit Bewegungsanreizen sollte heutzutage ein Muss in der Pferdehaltung sein, braucht doch das Pferd als Lauftier in ganz besonderem Maße Bewegung und soziale Kontakte, um physisch und psychisch gesund zu bleiben. Ist das zum Beispiel wetterbedingt nicht möglich, lassen Sie das Pferd wenigstens vor dem Longieren frei laufen, nachdem es vorher zum Aufwärmen mindestens eine Viertelstunde im Schritt geführt wurde. Ist das Pferd zum Beispiel bei windigem oder eiskaltem Wetter trotzdem noch »geladen« und wartet nur auf die Gelegenheit durchzustarten, beginnt man mit Führen in Stellung in betont ruhi-

Zuviel Energie bitte nicht an der Longe verpuffen lassen!

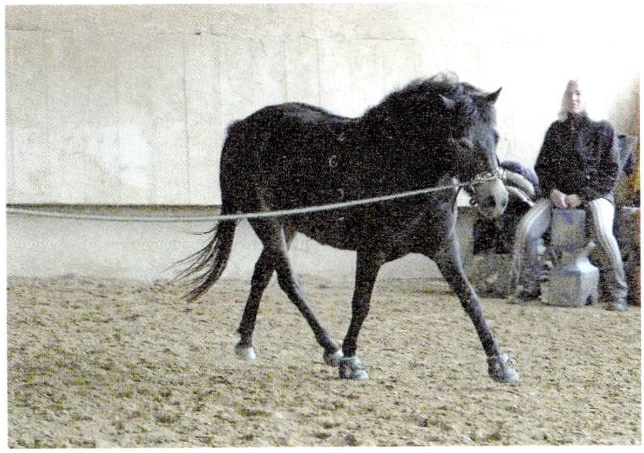

Trab an der Longe.

gem Tempo und mit einigen Übergängen zum Halten, insbesondere wenn das Pferd unaufgefordert antraben möchte. Bleibt es ruhig, verlängert man die Longe und lässt das Pferd nach und nach auf einem etwas größeren Zirkel gehen.

Trab

Geht das Pferd im Schritt entspannt auf dem Zirkel und kann die Innenstellung einige Zeit halten, ist die richtige Zeit zum Antraben gekommen. Der Trab ist zunächst die wichtigste Gangart, denn die meisten Pferde entspannen sich bei der gleichmäßigen Kreisbewegung doch ziemlich schnell – auf der hohlen Körperseite deutlich eher. Versucht sich das Pferd immer wieder nach außen zu stellen und lässt sich auf die innere Schulter fallen, nehmen Sie die Longe wieder kürzer, gehen selbst mehr mit und stellen das Pferd durch Zupfen an der Longe und Touchieren mit der Peitsche an der Schulter wieder nach innen. Auch hier hilft, es immer wieder um eine Pylone zu biegen.

Vorwärts-abwärts in die Dehnungshaltung

Anfangs kann man sich freuen, wenn das Pferd für ein paar Sekunden Ansätze zeigt, den Hals zu senken. Meistens passiert dies im Trab, sobald das Pferd im Takt vorwärtsgeht und abschnaubt (ein Zeichen von Entspannung = Losgelassenheit). Sobald ich einen Ansatz von Dehnung bemerke, bekommt das Pferd ein Stimmlob, nach einigen guten Ansätzen ein Leckerli. Schon nach wenigen Trainingseinheiten wird ein gesundes Pferd immer häufiger den Weg ins Vorwärts-abwärts finden und die Dehnung konstanter halten können. Ein korrektes Vorwärts-abwärts ist übrigens kein »Kopf so tief wie möglich«, sondern ein »Nüstern auf Buggelenkshöhe« mit offenem Genick, das heißt mit der Nasen-Stirnlinie immer vor der Senkrechten!

Das Pferd kann den Rücken nur festhalten, wenn die Muskeln seitlich der Wirbelsäule gleich stark angespannt sind. Biegung und später häufige Trab-Galopp-Trab-Übergänge wirken lösend, weil das Pferd hier die Muskulatur einseitig stärker anspannt bzw. dehnt. Häufige Handwechsel füh-

Dehnungshaltung mit aktiver Hinterhand – hier gefördert durch die Stangen.

ren meist schneller zum Erfolg, als das Pferd lange auf einer Seite zu biegen.

Untertreten

Die Hinterhufe sollten mindestens in die Spur der Vorderhufe fußen, damit das Pferd nicht auf der Vorhand geht – das ist die häufig genannte Ansicht über das Untertreten.

Jein! Natürlich soll sich das Pferd nicht mit den Vorderbeinen »vorwärtsziehen« und die Hinterbeine müde und kraftlos »hinterherschleppen«. Wie weit die Hinterbeine vortreten, hängt jedoch sehr stark vom Körperbau eines Pferdes ab. Manche können von Natur aus sehr weit untertreten, andere haben schon Schwierigkeiten damit, mit dem Hinterhuf überhaupt in die Spur des Vorderhufes zu fußen, zum Beispiel, weil sie einen langen Rücken und kurze Beine haben oder eine steile Winkelung in den Gelenken der Hinterhand.

Selbst drei Hufe weit vor die Spur der Vorderhufe untertreten bedeutet zunächst einmal nur, dass das Pferd eine enorme Schubkraft besitzt und wahrscheinlich ein gutes Tempo im Schritt gehen kann. Über die Tragkraft, also die stärkere Lastaufnahme über die vermehrte Winkelung der Gelenke in der Hinterhand, sagt sie nichts aus. Sie entsteht durch die zunehmende Versammlung des Pferdes (Hankenbeugung) und die relative Aufrichtung mit abgesenkter Kruppe und liegt als Endziel aller Ausbildung bisher noch in weiter Ferne.

Natürlich soll das Pferd nicht auseinanderfallen, die Hinterbeine sollen fleißig und schwungvoll fußen, ohne zu eilen. Die Trittfrequenz zu erhöhen, verursacht jedoch oft kurze hektische Tritte. Solche schnellen, hektischen Bewegungen können Verspannungen verursachen. Viele Pferde lösen sich daher am besten im langsamen Trab.

Fehler: Pferd kippt nach innen, Kopf nach außen gestellt, Kopf verworfen, Fliehkräfte wirken schädlich auf die Gelenke, keine gymnastizierende Wirkung! (gestelltes Foto)

Geht das Pferd losgelassen im langsamen Trab und hat sein Gleichgewicht in der Biegung gefunden, kann man es mehr vorwärtsgehen lassen. Dabei sollte es in der Biegung bleiben und möglichst nicht aus dem Gleichgewicht kommen. Man schickt es immer nur kurze Zeit vorwärts und wechselt ab mit langsamen Reprisen und Übergängen. Tempowechsel und Übergänge gymnastizieren sehr effektiv!

Zu diesem Thema schrieb Alois Podhajsky (ehemaliger Leiter der Spanischen Hofreitschule in Wien): »Andererseits gibt es wieder Pferde, die zu Bewegungen mit eiligen Tritten neigen. Bei ihnen wäre es falsch, die Fortbewegung durch vortreibende Hilfen verbessern zu wollen, weil sich dadurch ihre Tritte nur noch mehr beschleunigen und ihnen der Gang ganz genommen werden würde. Nur ein Beruhigen kann es solchen Pferden erleichtern, das Gleichgewicht zu finden, und dann können durch vorsichtig vortreibende Hilfen auch wieder allmählich raumgreifendere Tritte erzielt werden.«

Galopp

Der richtige Zeitpunkt für den Galopp ist erst dann gekommen, wenn das Pferd sein Gleichgewicht im Schritt und Trab zuverlässig gefunden hat.

Lassen Sie am besten die ersten Male das Pferd auf dem Zirkel kurz vor Erreichen der Wand angaloppieren. Vorher nehmen Sie die Longe eine Schlaufe kürzer und gehen in die treibende Position etwas weiter hinten (auf Höhe der Kruppe). Laufen Sie etwas mit und versuchen Sie, mit dem Peitschenschlag das innere Hinterbein zu touchieren. Halten Sie die Longenhand unbedingt ruhig und lassen Sie Ihr Pferd auf keinen Fall schneller traben und in den Galopp »hineinrennen«. Beginnt es im Trab mit durchgedrücktem Rücken und in Außenstellung zu rennen, nehmen

Richtig angesprungen mit guter Innenstellung, aber noch etwas in Schräglage wegen zu hohem Tempo (gestelltes Foto).

Sie das Tempo zurück und biegen es, bis es wieder locker geht, dann starten Sie einen neuen Versuch.

Prüfen Sie kritisch Ihre Position: Geraten Sie zu weit nach vorne, wirken Sie auch aus der Entfernung bremsend! Wenn alles stimmt, probieren Sie in Ruhe solange, bis es funktioniert. Vielen Pferden hilft es am Anfang, wenn Sie (ähnlich wie beim Anlaufen beim Voltigieren) beim Mitgehen selbst ein paar Galoppsprünge machen.

Klappt es schließlich, loben Sie überschwänglich! Gibt man (am besten eine 2. Person) nach dem erfolgreichen Angaloppieren sofort ein Leckerli (C+B bei Clickerpferden), wird Ihr Pferd schnell verstehen was gefragt ist und wahrscheinlich schon das nächste Mal mit Freude angaloppieren. Dann ist es Zeit, das Stimmkommando »Galopp« einzuführen.
Gerade Pferde aus Rassen, die nicht auf guten Galopp gezüchtet wurden, wie Isländer, Norweger, Kaltblüter lässt man anfangs nur wenige Sprünge galoppieren und pariert durch, solange der Galopp noch gut gesprungen und im klaren Dreitakt ist. Angaloppieren fördert den Galopp und die Kraft. Rundenweise immer flacher werdendes Flitzen lassen ist kontraproduktiv!
Ausnahme sind von Natur aus sehr faule Pferde. Diese sollten Sie zwischendurch ein paar flotte Runden am Stück galoppieren lassen und dabei frisch vorwärtstreiben, auch wenn sie sich ein wenig in die Kurve legen und schlechter durchspringen. Solche »Energiesparmodelle« merken sich sonst nur zu gerne, dass immer nach ein paar Sprüngen wieder Pause ist und man bekommt später Schwierigkeiten, sie zu längeren Reprisen zu überzeugen. Natürlich nur so viel vorwärtsschicken, dass sie nicht völlig aus der Puste kommen und Arbeit negativ besetzt wird!

Falscher Galopp?

Viele Pferde neigen dazu, auf einer Hand falsch anzugaloppieren. Schuld ist mal wieder die natürliche Schiefe, da dem Pferd der Galopp auf der hohlen Seite leichter fällt. Besonders häufig passiert das bei Isländern und anderen Robustponys mit festen Rückenmuskeln. Sie sind oft sehr trittsicher und kommen ohne große Probleme auch im Außengalopp um die Kurve, daher machen sie sich nicht die Mühe, im unbequemen, ungewohnten Galopp anzuspringen.

Manchmal ist aber auch der Longenführer der Grund, wenn er sein Pferd mit den Hilfen überfällt und in den Galopp »hineinjagt«. Vor lauter Schreck fällt es in den gewohnten (besseren) Galopp.

Trainieren Sie die Galopphilfe auf der einfacheren Seite, bis Ihr vierbeiniger Schüler auf das Stimmsignal »Galopp« reagiert. Auf der schwierigen Seite lassen Sie das Pferd kurz vor Erreichen der Wand angaloppieren. Stellen Sie es vorher gerade. Solange es auf der schwierigen Seite nicht zuverlässig richtig anspringt, auf keinen Fall nach innen stellen. Die innere Schulter muss frei sein!

Man kann auch den Zirkel im Trab erst ein wenig verkleinern, dabei darauf achten, dass das Pferd in der Balance bleibt und nicht auf die innere Schulter fällt. Um das Gewicht vor dem Angaloppieren von der inneren Schulter zu nehmen, treiben Sie das Pferd wieder heraus auf die Zirkellinie, stellen es gerade und lassen es zur geschlossenen Seite angaloppieren.

Kreuzgalopp

Kreuzgalopp ist fast immer ein Zeichen für mangelndes Gleichgewicht und/oder Verspannungen und zeigt, dass das Pferd noch stark mit seiner natürlichen Schiefe zu kämpfen hat. Meistens geht es auf seiner steifen Seite vorne im Innengalopp und hinten im Außengalopp. Also galoppiert es wahrscheinlich lieber im Linksgalopp und seine hohle Seite ist links, wenn es auf der rechten Hand im Kreuzgalopp anspringt. Es müsste für den richtigen Galopp mit dem äußeren (linken) Hinterbein beginnen. Beim links hohlen Pferd fußt dieser Hinterhuf aber von Natur aus weiter außen und weniger unter das Gewicht. Das Pferd möchte auf diesem weniger tragenden Hinterbein nicht das volle Körpergewicht per Einbeinstütze beim Einspringen in den Galopp aufnehmen.

Kreuzgalopp lässt sich oft vermeiden, wenn man das Pferd aus ruhigem Tempo **im richtigen Moment angaloppieren** lässt. Auch hier ist »Reinrennen« lassen, hektisches Antreiben und zu viel Innenstellung kontraproduktiv. Dazu schaut man, wann im Trab das passende diagonale Beinpaar am Boden ist: das innere Hinterbein und das äußere Vorderbein. Das ist die richtige Phase für die Peitschenhilfe, damit das äußere Hinterbein den Galopp beginnen kann.

Springt das Pferd im Kreuzgalopp an, pariert man durch und probiert in Ruhe noch einmal. Bei Pferden, die »eigentlich« schon richtig anspringen und galoppieren können, kann man auch probieren, es im Galopp hinten umspringen zu lassen. Dazu muss man im richtigen Moment energisch nachtreiben, was jedoch einige Übung und Gefühl erfordert.

Passiert es trotz passender Hilfengebung häufiger, dass Ihr Pferd im Kreuzgalopp anspringt, sollten Sie das Thema Galopp noch eine Weile hintenanstellen und im Schritt und Trab weiter an der Geraderichtung arbeiten.

Longieren über Stangen.

Dauer der Longenarbeit

Longieren ist körperlich und mental anstrengend, deshalb sollten Sie anfangs inklusive der Aufwärmphase nicht länger als 20 Minuten arbeiten. Nach und nach können die Übungseinheiten intensiver werden, mit längeren Phasen, in der das Pferd gebogen wird, mehr Trab, vielen Übergängen usw. und auf etwa 30 Minuten gesteigert werden.

Stangenarbeit

Stangen, besser Cavaletti oder Bodenricks, die gegen Wegrollen gesichert sind, bringen Abwechslung in den Longieralltag und sind zudem eine gute gymnastizierende Übung. Stangenarbeit fordert das Pferd dazu auf, hinzuschauen und fördert den Takt und die Rückentätigkeit. Das Pferd senkt vor und über den Stangen den Hals um besser zu sehen, wohin es tritt, wölbt den Rücken auf und löst sich.

Longieren Sie im Schritt erst über eine Stange, bis das Pferd gelassen, aber noch aufmerksam darübertritt. Dann ergänzen Sie eine zweite, die innen etwa 60 cm und außen 1,60 m von der anderen entfernt ist. Longieren Sie im Schritt weit außen, so geht Ihr Pferd über die erste Stange, macht einen Zwischenschritt und geht dann weiter. Dann longieren Sie weiter innen, bis Ihr Pferd flüssig über beide Stangen geht, das ist etwa bei 80 cm der Fall, im Trab bei 1,30–1,50 (bei einem Pony natürlich weniger). Ergänzen Sie bis auf vier bis fünf Stangen.

Um die Galoppsprünge zu verbessern, ist die Arbeit mit Stangen und Cavaletti extrem nützlich. Beginnen Sie mit einer gegen Wegrollen gesicherten Stange oder einem Cavaletto, über die das Pferd galoppieren soll. Dann stellen Sie das Cavaletto hoch, damit sich ein kleiner Sprung ergibt. Bauen Sie mit 7 bis 7,50 m Abstand ein zweites Cavaletto auf. Es ergibt sich dann: Sprung – Galoppsprung – Sprung.

Ihr Pferd tritt eher auf die Stangen als darüber?

Stimmen die Abstände? Nicht für jedes Pferd passen die Richtwerte! Ist Ihr Pferd unaufmerksam, gelingt es Ihnen vielleicht eher beim Führtraining, das Pferd auf die Stangen zu konzentrieren. Halten Sie vor den Stangen und lassen Sie es den Kopf senken und das Hindernis anschauen. Streichen Sie die Pferdebeine mit der Gerte ab und klopfen Sie auch auf die Hufe, damit es ein Gefühl für die »lange Leitung« dorthin bekommt.

Vielleicht haben Sie in letzter Zeit öfter »Huf auf einen Gegenstand setzen« geübt und belohnt? Dem mitdenkenden Pferd ist somit klargeworden, dass Drauftreten gefragt ist. Führen Sie das Pferd über die Stangen und heben Sie dabei selbst überdeutlich die Füße (wie ein Storch im Salat) – Pferde sind gute Nachahmer. Üben Sie kurz und konzentriert mit nur wenigen Wiederholungen, damit es nicht müde wird oder sich langweilt.

Aufsitzen und (An)Reiten

Welches Alter ist ideal?

Bestimmt kennen Sie die alte Reiterweisheit: ein Jahr länger Fohlen, zehn Jahre länger Pferd! An diesem Spruch ist viel Wahrheit, die nicht nur durch jahrhundertelange Erfahrung untermauert wird, sondern auch durch neuere Erkenntnisse in der Biologie mithilfe moderner Bildgebung.

Kinderarbeit, nein danke!

Warum es so wichtig ist, dem Pferd Zeit zum Erwachsen werden zu geben

Dreijährige Pferde sind noch echte Kinder. Ihre Konzentrationszeit ist kurz, sie kämpfen mit dem Zahnwechsel und sind körperlich noch nicht ausgereift. Sie sind noch schmal und vielleicht überbaut – ihr Körper verändert sich laufend, dadurch sind sie wackelig im Gleichgewicht und haben eine schlechte Körperwahrnehmung.
Viele der Wachstumsfugen an den Wirbeln und Gelenken haben sich noch nicht geschlossen, so dass durch eine zu hohe Belastung irreparable Schäden auftreten können.

Gerittene Zuchtprüfungen für manche Rassen sind nur in einem bestimmten, sehr jungen Alter möglich, zum Beispiel der Feldtest für dreijährige Freiberger. Wer so eine Prüfung braucht, muss in den sauren Apfel beißen und sein Pferdekind möglichst schonend darauf vorbereiten, damit es keine Schäden davonträgt. Hier gilt ganz besonders: eine gründliche Vorbereitung am Boden ohne Reitergewicht verkürzt die Ausbildungszeit beim Reiten und bereitet Muskeln und Sehnen schonend auf die Belastung vor. Ist die Prüfung geschafft, gönnen Sie dem vierbeinigen Grundschüler am besten einige Monate Erholungs- und Entwicklungszeit auf der Weide, bevor Sie weiter üben.

Feldtest mit einem dreijährigen Freiberger.

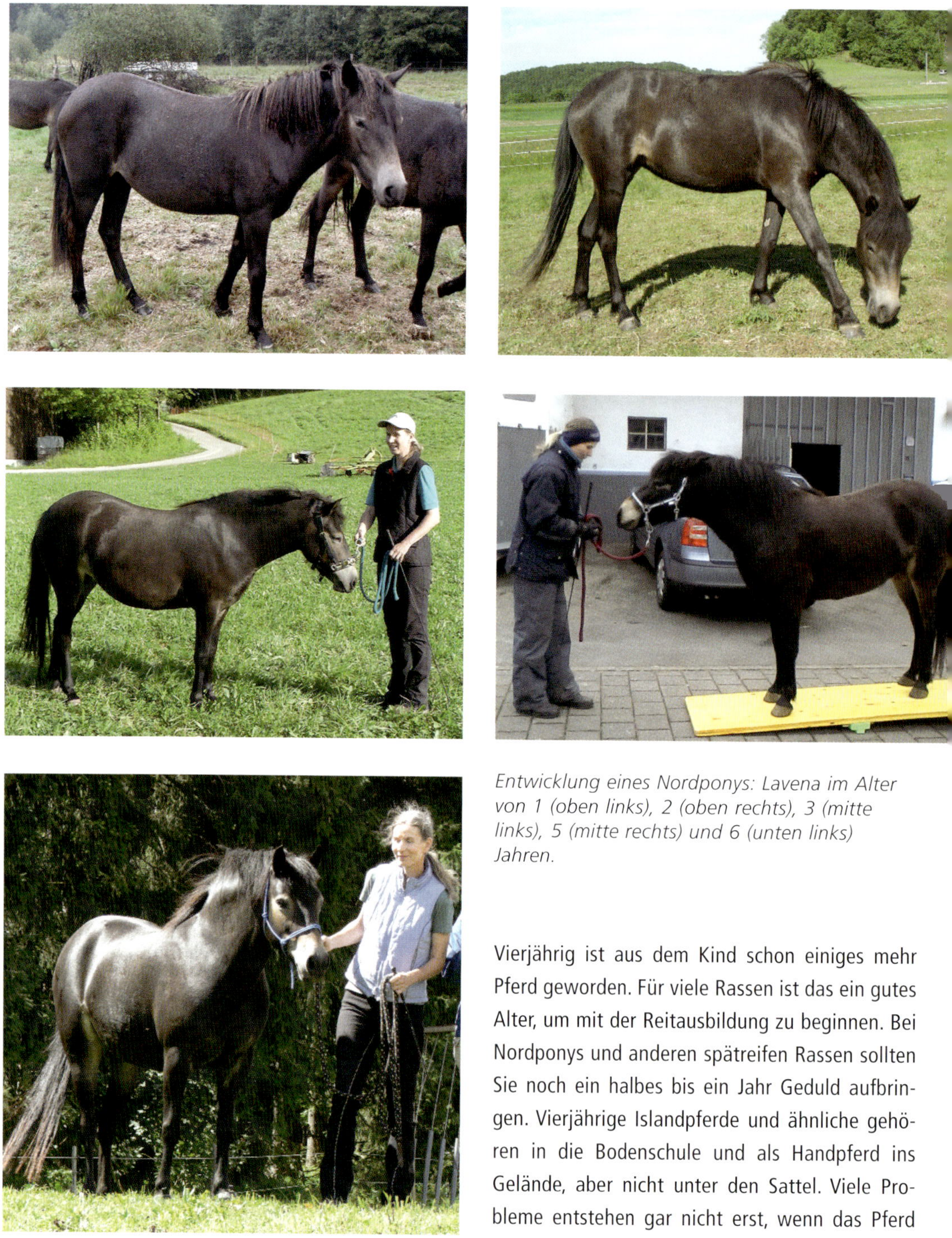

Entwicklung eines Nordponys: Lavena im Alter von 1 (oben links), 2 (oben rechts), 3 (mitte links), 5 (mitte rechts) und 6 (unten links) Jahren.

Vierjährig ist aus dem Kind schon einiges mehr Pferd geworden. Für viele Rassen ist das ein gutes Alter, um mit der Reitausbildung zu beginnen. Bei Nordponys und anderen spätreifen Rassen sollten Sie noch ein halbes bis ein Jahr Geduld aufbringen. Vierjährige Islandpferde und ähnliche gehören in die Bodenschule und als Handpferd ins Gelände, aber nicht unter den Sattel. Viele Probleme entstehen gar nicht erst, wenn das Pferd genug Zeit für seine mentale und physische Entwicklung bekommt.

Für die Mehrzahl der Pferde ist fünfjährig ideal um ernsthaft mit dem Reiten zu beginnen. Die meisten Wachstumsfugen haben sich geschlossen, das Längenwachstum ist fast beendet. Perfekt ist, wenn das Pferd zu diesem Zeitpunkt schon seit einigen Monaten oder Jahren bei Ihnen gelebt hat. So konnten sich Pferd und zukünftiger Reiter bereits gut kennenlernen und Vertrauen aufbauen und hatten viel Zeit für gründliche Vorbereitung und Muskelaufbau am Boden.

Für jedes Alter gilt: Der Bewegungsapparat braucht Zeit, um sich zu entwickeln und an Trainingsreize anzupassen. Muskeln werden innerhalb weniger Wochen aufgebaut, Sehnen und Gelenke brauchen etwa ein Jahr gezieltes Aufbautraining, bis sie sich an die höhere Belastung angepasst haben.

Ausrüstung

Der erste Sattel

Der Sattel muss passen, egal ob ein Pferd jung oder alt ist! Gerade ein junges Pferd sollte nur positive Erfahrungen mit seinem ersten Sattel machen. Die ersten Erlebnisse und damit verbundenen Gefühle bleiben besonders stark in Erinnerung. Ein unpassender Sattel, der ein unangeneh-

Die dreijährige Lipizzanerstute Carasonne ist noch im Wachstum und sieht »unfertig« aus.

mes Gefühl oder sogar Schmerzen verursacht, kann die Ursache dafür sein, dass ein Pferd ein Leben lang Probleme beim Satteln und Verspannungen beim Reiten haben wird.

Also heißt es, den richtigen Sattel zu finden und das Pferd mit viel Zeit und Geduld daran zu gewöhnen. Ein großes Problem dabei ist, dass sich junge Pferde laufend entwickeln und verändern. Heute sitzt der Sattel gut, in ein paar Monaten ist das Pferd gewachsen, breiter geworden, hat Muskeln aufgebaut und plötzlich ist er zu eng geworden. Wer kann und will schon alle drei Monate einen neuen Sattel kaufen oder laufend beim Sattler umpolstern lassen? Auch aus diesem Grund ist es sinnvoll, vor dem Sattelkauf das Pferd vom Boden aus aufzutrainieren und eine gute Rückenlinie zu erarbeiten.

Untrainierte Jungpferde haben oft einen tiefen Halsansatz, einen niedrigen, kaum erkennbaren Widerrist und eine hinter dem Widerrist ansteigende Rückenlinie. Kauft man einen jetzt passenden Sattel, hat dieser Sattel schnell zu viel Schwung und eine zu schmale Kammerweite, wenn das Pferd auftrainiert wird. So ein Sattel drückt auf die Schulterblätter, kippelt in der Längsachse und verhindert den Aufbau der für das Tragen des Reitergewichts nötigen Muskeln. Ein zu enges Kopfeisen drückt außerdem auf den Trapezmuskel und kann dadurch einen Stehreflex (ähnlich wie bei Deckakt) auslösen. Kann das vorher am Boden gelöste Pferd nach dem Aufsteigen plötzlich nicht mehr loslaufen, sollten Sie daher die Kammerweite des Sattels überprüfen.
Viele Passformprobleme können Sie vermeiden, indem Sie Sättel mit Sattelbaum erst nach einigen Wochen mit gezieltem Muskelaufbautraining und für ein mindestens fünfjähriges Pferd kaufen. Erfahrungsgemäß empfiehlt es sich für Jungpferde in der Entwicklung trotzdem eine etwas(!) zu weite Kammer zu wählen. Die überschüssige Breite kann man durch eine passend gepolsterte dickere Satteluntерlage ausgleichen.

Flexible Sattelalternativen

Eine Möglichkeit, die aufwändige Sattelsuche und einen möglichen Fehlkauf zu umgehen, ist, für die Übungen zum Satteln und Aufsitzen und die ersten Reitversuche eine baumlose Alternative zu benutzen, wie Fellsattel, Filzsattel, ein Reitpad oder einen baumlosen Sattel mit austauschbarem Kopfeisen in der richtigen Breite und angepasster Polstersatteldecke. Fellsattel, Reitpad oder ähnliches gehören eigentlich in jeden Reiterschrank. Das ist auch für später nützlich, wenn der eigentliche Sattel zur Reparatur ist, das Pferd sich durch Weidebauch oder Muskelzuwachs verändert hat und der Baumsattel nicht mehr passt. Oder weil man einfach mal gemütlich ohne Sattel reiten möchte.
Eine baumlose Alternative sollte immer eine Polsterung haben, die die Wirbelsäule frei lässt. Mit polsterbaren Satteldecken kann man den Baumlosen in die Balance bringen, zum Beispiel vorne erhöhen bei überbauten Pferden.

Alle baumlosen Sattelalternativen ohne Stabilisierungssystem (wie Fellsattel, Filzsattel, Reitpad ...) sollten nur ohne Steigbügel geritten werden, um Druckstellen an den Steigbügelaufhängungen zu vermeiden. Zudem sprechen Sicherheitsgründe für das reiten ohne Steigbügel: Besonders auf runden Pferden rutschen die baumlosen Modelle gnadenlos zur Seite, wenn das Pferd seitlich wegspringt oder der Reiter einen Steigbügel verliert und führen dadurch ziemlich sicher zum Sturz. Dazu sind die Steigbügel meist an Ringen aufgehängt statt an Sturzfedern, sodass der heruntergefallene Reiter noch schneller im Steigbügel hängenbleiben und mitgeschleift werden kann. Auch Sicherheitssteigbügel können das nicht immer verhindern.

Für höhere Gangarten bei schwungvollen Pferden ist ein baumloser Sattel mit Steigbügeln und gut ausgeformtem taillierten Sitz für guten Halt besser geeignet als ein flaches Pad ohne Steigbügel. Möchten Sie langfristig ausschließlich baumlos reiten, sollte der Sattel zur besseren Gewichtsverteilung eine gewisse Stabilität (ein integriertes Stabilisierungssystem) haben oder die Polsterung der Satteldecke durch druckstabile Einlagen entsprechend angepasst werden.

Geeignete Zäumungen

Für den Anfang brauchen Sie den hoffentlich von der Handarbeit und dem Longieren schon vorhandenen, gut passenden Kappzaum (siehe Kapitel Handarbeit) oder ein Sidepull, Knotenhalfter mit Ringen oder eine ähnliche gebisslose Zäumung, die eine direkte Zügelführung und seitliche Einwirkung zulässt. Modelle mit unter dem Kinn überkreuzten Riemen oder mit Anzügen (wie mechanische Hackamore) sind nicht geeignet.

Näheres über die Wahl des richtigen Trensengebisses und die Gebissgewöhnung finden Sie im Kapitel Handarbeit.

Fellsattel.

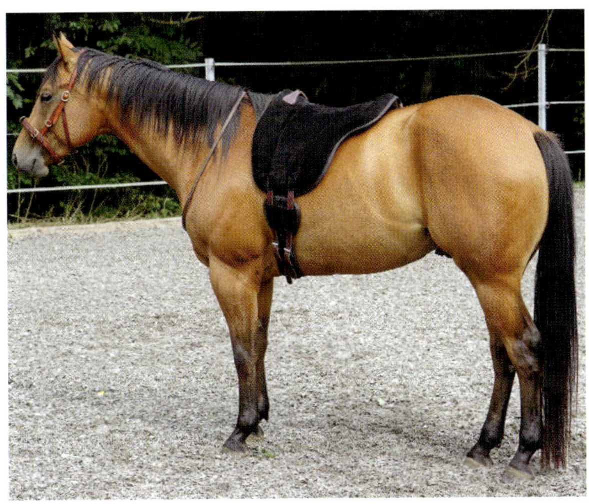

Barebackpad.

Sattelgewöhnung

Das Ziel: Satteln, Angurten und Den-Sattel-Tragen soll für Ihr Pferd stressfrei und zum Normalsten der Welt werden. Das Pferd bleibt entspannt stehen, wenn Sie mit dem Sattel kommen, ihn auflegen und den Gurt locker schließen. Dazu brauchen

Gewöhnung an den Sattel in Bewegung und an baumelnde Steigbügel.

Sie das Pferd nicht anzubinden oder festzuhalten, es läuft weder weg noch legt die die Ohren an oder zeigt andere Zeichen von Unwohlsein.

Üben Sie mit dem unangebundenen Pferd in einem eingezäunten Bereich. Frei stehend kann es »seine Meinung sagen« und selbst herausfinden, dass ein Sattel ein harmloser Alltagsgegenstand für ein Pferd ist. Als Vorübung sollte es von der Bodenarbeit schon kennen, sich mit allen möglichen Gegenständen am ganzen Körper berühren zu lassen.

Beginnen Sie mit etwas Weichem in Sattelform, zum Beispiel ein Fellsattel oder eine Satteldecke plus Longiergurt. Der Gegenstand (der Einfachheit halber nenne ich ihn »Pad«) wird dem Pferd gezeigt, es darf ausgiebig daran riechen, bevor Sie es damit an der Schulter und auf dem Rücken berühren. Bleibt es entspannt stehen, legen Sie das Pad auf seinen Rücken, loben und geben ein Leckerli.

Nun können Sie den Gurt unter dem Pferdebauch holen und locker schließen. Läuft es dabei los, gehen Sie einfach mit und halten das Pad fest, damit es nicht herunterfällt und eventuell eine Schrecksekunde verursacht. Sobald das Pferd stehen bleibt, gibt es Lob und Leckerli und Sie warten kurz, bevor Sie es noch einmal versuchen.

Üben Sie geduldig, bis das Pferd sich völlig entspannt freistehend satteln und angurten lässt. Als nächster Schritt bleibt das Pad (oder der Sattel) beim Spazierengehen, bei der Bodenarbeit oder Handarbeit und schließlich beim Longieren auf dem Pferd, damit es sich an den leichten Druck des Gurtes und das Ding auf seinem Rücken in der Bewegung gewöhnt. Schließlich lassen Sie die Steigbügel beim Führen und später beim Longieren in höheren Gangarten herunterhängen. Achten Sie darauf, dass sie nicht gerade auf Höhe des Pferde-Ellbogens baumeln, damit sie nicht schmerzhaft dagegen schlagen!

Sicherheit für den Reiter

Neben dem obligatorischen Reithelm sind eine Schutzweste und Sicherheitssteigbügel sehr zu empfehlen. Natürlich kann die Schutzausrüstung keinen Unfall verhindern, einige schwere Verletzungen jedoch schon! Beim Reiten trage ich grundsätzlich einen Helm, Sicherheitssteigbügel nutze ich bei meinen eigenen Pferden ständig, die Sicherheitsweste trage ich »nach Gefühl«. Gerade auf Jungpferden und in »kritischen« Situationen reite ich damit deutlich entspannter. Bei den Sicherheitswesten gibt es inzwischen flexible, leichte Modelle aus schockabsorbierendem Schaum, die man beim Tragen kaum spürt und die mit den steifen kiloschweren Westen von früher nicht zu vergleichen sind. Soll es das Tragegefühl einer normalen Reitweste sein, nimmt man eine selbstaufblasende Airbag-Weste, die bei einem Sturz eine

Die Airbagweste …

… und ihre Befestigung am Sattel.

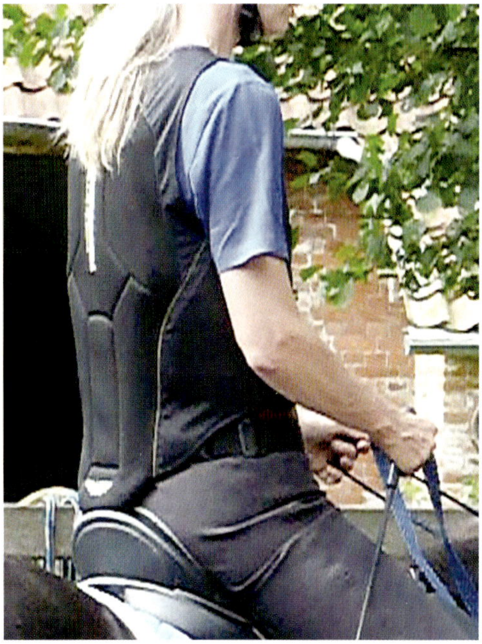

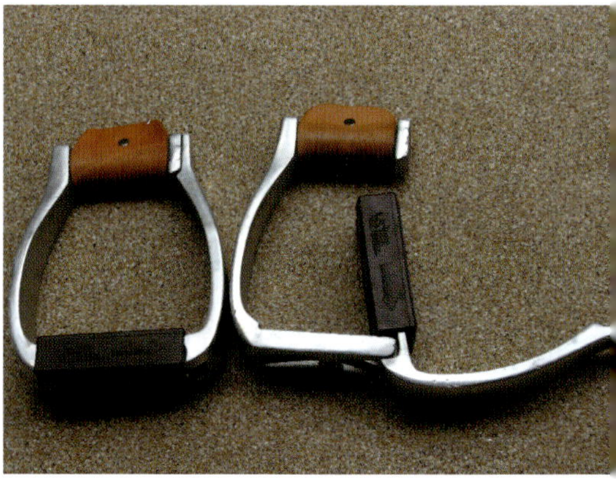

Leichte und flexible Sicherheitsweste.

rechts oben: verschiedene Sicherheitssteigbügel und Swiss Clips, die beim Sturz den Bügel vom Sattel trennen.
rehts unten: Western-Sicherheitssteigbügel

Patrone auslöst. Wählen Sie das bequemste Modell, auch wenn es vielleicht nur Sicherheitslevel 2 statt Level 3 für internationale Vielseitigkeitsprüfungen hat. Denken Sie daran: die sicherste Weste ist immer die, die man trägt und nicht die mit dem höchsten Level, die im Schrank hängt!

Reitdummy für Jungpferde

Ein ausgedienter Anorak gefüllt mit Verpackungsmaterial oder für höheres Gewicht mit Sand in Plastiktüten, wird an den Ärmeln und unten zugenäht. Um das Pferd an seitlich herunterhängende Schenkel zu gewöhnen, kann man zusätzlich eine alte Hose für die Beine annähen. Alternativ geht auch ein riesiges Stofftier oder ein großer Kinder-Hüpfball mit Griff. Für die Simulation der (hoffentlich später nicht) schlackernden Reiterschenkel eignen sich zum Beispiel Schaumstoffbalken mit Hülle.

Möchten Sie Ihr Jungpferd gefahrlos an einen »Reiter« gewöhnen, ist so ein Dummy eine feine Sache. Der Dummy wird dem Pferd gezeigt, es darf ihn beliebig beriechen, bis es entspannt bleibt. Der Dummy berührt das Pferd am ganzen Körper und

Auch Kinderhüpfbälle dienen der Desensibilisierung.

Rechts von oben nach unten: Desensibilisierung mit dem Klappersack.

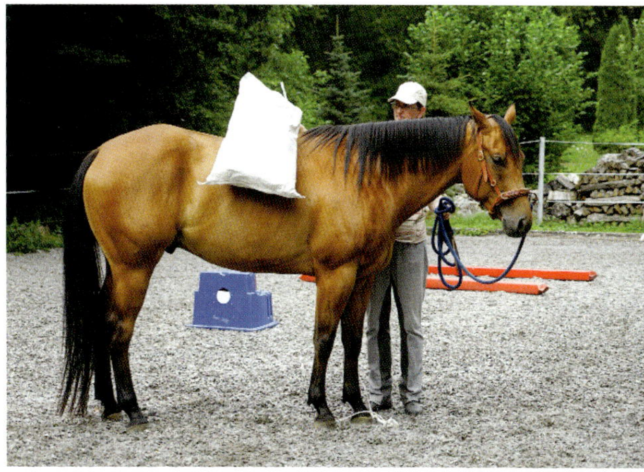

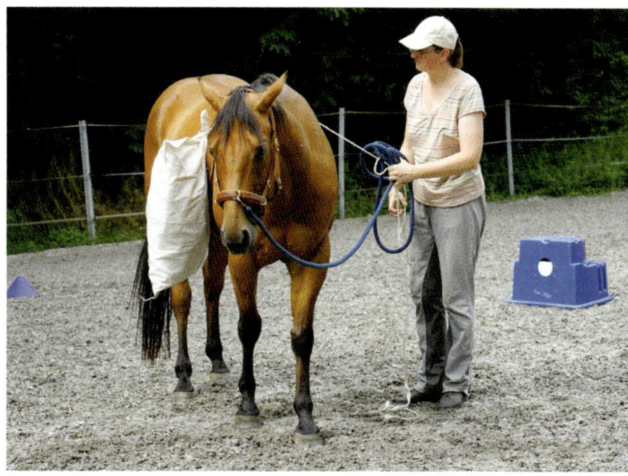

wird dann vorsichtig auf den Pferderücken gesetzt und gut festgehalten. Mit einem Helfer, der den Dummy hält, können Sie das Pferd ein Stück führen. Wird das Pferd sehr unruhig, nehmen Sie ihn langsam wieder herunter. Bitte nicht einfach herunterfallen lassen, sonst erschreckt sich das Pferd und lässt vielleicht so schnell niemanden mehr aufsitzen.

Gewöhnen Sie Ihr Pferd an die verrücktesten »Reiter« auf seinem Rücken, zum Beispiel an einen großen Sitzball, baumelnde Schaumstoffbalken, Planen ... Dinge, die sich bewegen als Vorbe-

Pauline, die unerschrockene Stuntreiterin.

reitung für raschelnde Jacken oder einen Reiter, der sich die Nase schnäuzt.

Bevor Sie sich nun ans Anreiten wagen, sollte die Grundausbildung am Boden erfolgreich durchlaufen sein. Erst wenn das Pferd mit allen möglichen Dingen auf seinem Rücken auch in Bewegung wirklich immer entspannt bleibt, ist die Zeit reif für das erste Aufsitzen.

Einparken an der Aufsitzhilfe

Eine wichtige Voraussetzung für das erste Aufsitzen ist für mich das Einparken an der Aufsteighilfe und das ruhige, entspannte Stehen dabei. Die ideale Aufsitzhilfe muss stabil stehen und möglichst so hoch sein, dass der Reiter ohne Steigbügel sein Bein direkt über den Pferderücken legen kann.

Das Pferd sollte bei der Bodenarbeit schon gelernt haben, sich schrittweise in alle Richtungen bewegen zu lassen. Rangieren Sie das Pferd öfters vorwärts, rückwärts, seitwärts an die Aufstiegshilfe heran und belohnen Sie es, wenn es passend steht. Manche Pferde mögen es anfangs nicht, mit dem Körper so nah neben einem unbekannten Gegenstand in Raubtiergröße zu stehen. Üben Sie in diesem Fall weiter am Boden mit vielen verschiedenen Reizen und verbessern Sie das Körpergefühl über häufiges Abstreichen mit der Gerte am ganzen Körper.

Das Pferd wird vom Boden aus Schritt für Schritt neben die Aufstiegshilfe rangiert. Üben Sie ruhiges Stehenbleiben am losen Strick. Lassen Sie einen Helfer das Pferd in der Gegenüberposition oder in der Dreiecksposition halten. Steigen Sie auf die Aufstiegshilfe. Bleibt das Pferd ruhig stehen, können Sie sich mit dem Oberkörper über seinen Rücken lehnen. Dreht sich das Pferd weg, stellen Sie es ruhig wieder zurück. Auch mobile Aufstiegshilfen bleiben grundsätzlich immer an ihrem Platz stehen und das Pferd wird passend eingeparkt. Auch wenn es anfangs eine gefühlte Ewigkeit dauert. Niemals mit der Aufstiegshilfe hinter dem Pferd hergehen, sonst erziehen Sie sich einen Zappelphilipp!

Alles abgearbeitet? Dann ist es endlich soweit: die Erstbesteigung! Vergessen Sie sämtliche Rodeofilme, die Sie jemals gesehen haben. Nach so gründlicher Vorbereitung läuft das erste Aufsitzen in der Regel völlig unspektakulär ab.

Erstes Aufsitzen

Ein Helfer hält das Jungpferd. Nun klettert man auf die Aufstiegskiste und schaut, was das Pferd zu dem plötzlich riesigen Menschen sagt. Bleibt es entspannt, fängt man an, auf der Kiste herumzuhüpfen und zu hampeln. Steht das Pferd ruhig, lehnt man seinen Oberkörper über den Pferderücken, behält aber zunächst mit leicht gebeugten Knien so viel Gewicht auf den Füßen, dass man nicht kopfüber in den Sand kippt, falls das Pferd sich plötzlich wegdreht oder wegspringt.

Anschließend gewöhnt man das Pferd daran, dass Ihr Körper auf beiden Seiten herunterhängt. Bleibt es gelassen, ist der richtige Moment für das allererste Aufsitzen gekommen. Nun legt man von der genügend hohen Aufsitzhilfe ein Bein über das Pferd und lässt sich langsam hinaufgleiten. Der Helfer lobt das Pferd dabei und füttert ein Leckerli von vorne-unten.

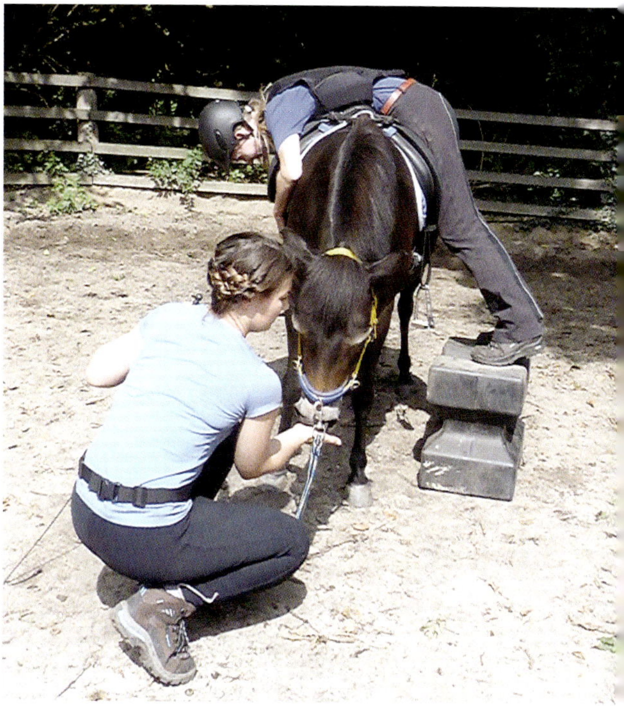

Mit dem Oberkörper über den Sattel hängen. Der Helfer füttert von vorne-unten.

Sicher ist das Ansichtssache, ich fühle mich die ersten Male jedoch sicherer ohne Steigbügel und montiere sie vorher ab, damit ich nicht hängenbleiben kann, falls ich schnell absteigen muss.

Damit sich das Pferd an die Ansprache von oben gewöhnt, redet man ruhig mit ihm, streichelt es am Hals und gibt schließlich ein Leckerli von oben. Das ist für das Jungpferd schon ein ganz schöner Balanceakt, mit Reiter den Kopf weit genug herumzunehmen. Ich gebe Leckerli grundsätzlich abwechselnd von beiden Seiten und tippe das Pferd vorher jeweils auf der entsprechenden Halsseite an, damit es weiß, woher diesmal die Belohnung kommt.

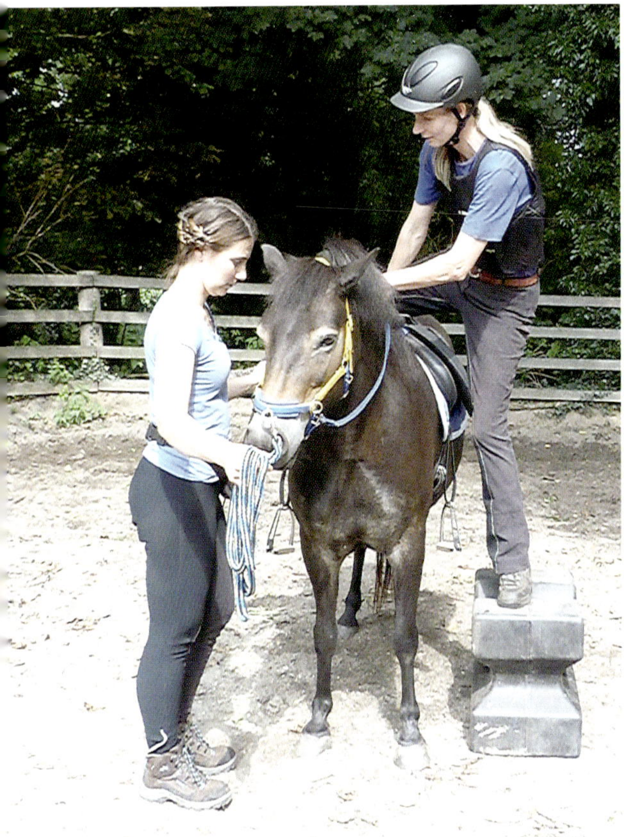

Aufsitzen mit Helfer, der das Pferd hält, an einem idealen Ort: Ein Roundpen mit solidem Zaun, weichem Boden und in ruhiger Umgebung.

Leckerli von oben geben.

Neugierige Jungpferde kommen manchmal auf witzige Ideen.

Erstes Aufsitzen im »Ponyhofstil«

Nach gründlicher Vorbereitung stellte ich eine leere Bierkiste neben das Pony und setzte ich mich einfach auf der Weide drauf, vorsichtshalber mit einer Helferin, die das Halfterseil festhielt. Diese Methode ist nur etwas für (ehemalige) unerschrockene Ponyhofkids und nicht unbedingt zur Nachahmung empfohlen! Wäre Lavena wider Erwarten losgerannt oder hätte gebockt, wäre mir nur schnelles Abspringen geblieben.

Von beiden Seiten aufsitzen

Vor allem im Gelände ist es praktisch, wenn der Reiter von beiden Seiten aufsteigen kann. Zudem ist es gesünder für den Pferderücken, denn es ver-

Originalbild vom ersten Aufsitzen auf Lavena im »Ponyhofstil«. Nicht zur Nachahmung empfohlen.

zieht die Rückenwirbel und den Sattel nicht einseitig, falls man mangels Möglichkeit doch einmal ohne Aufstiegshilfe aufs Pferd klettern muss. Gewöhnen Sie das Pferd am besten von Anfang an daran. Das klappt meistens viel schneller als beim Reiter, der jahr(zehnt)elang seine Einseitigkeit kultivieren durfte. Denken Sie daran – damals als Reitanfänger haben Sie es auch geschafft, von links aufsteigen zu lernen. Mit ein wenig Übung und Elan gelingt Ihnen das bald von rechts genauso gut.

Erste Schritte unter dem Reiter

Bei den ersten Reitversuchen lassen Sie sich am besten von einem erfahrenen, souveränen Helfer führen, den das Pferd schon kennt. Der Reiter sitzt locker und passiv und lässt sich zunächst einfach tragen, der Helfer gibt die gewohnten Stimm- und Gertenhilfen. Der Reiter beginnt nach und nach vorsichtig, seine Hilfen synchron zu geben, damit sich das Pferd an ihre Bedeutung gewöhnt. Das Führseil wird langsam immer länger gehalten, der Reiter übernimmt immer mehr das Dirigieren des Pferdes. Alternativ können Sie sich auch an der relativ kurz gehaltenen Longe longieren lassen, vorsichtshalber jedoch nicht bei Pferden, die gerne plötzlich losrasen oder bocken.

Klemmige oder aufgeregte Pferde neigen manchmal dazu, bei der Aufforderung zum Antreten den Rücken rund zu machen und zu buckeln. Bei Buckelverdacht hilft, das Pferd vom Helfer gleich im seitwärts übertreten angehen zu lassen. Das entspannt die Rückenmuskeln und lenkt die Konzentration des Pferdes vom ungewohnten Reiter-Tragen auf das aus der Handarbeit gewohnte Übertreten.

Selbstständig Reiten

Nach und nach sollten die Kommandos des Pferdeführers weniger werden, so dass sich der Reiter

Das Seil wird langsam länger und die Kommandos des Pferdeführers weniger.

ganz auf die Hilfengebung und das Pferd auf die Reiterhilfen konzentrieren kann. Nur welches ist die beste Methode, damit das noch ungerittene Pferd lernt die Hilfen zu verstehen und anzunehmen?

Signalreiten

Das Signalreiten stammt aus der Gebrauchsreiterei und hat sich bei der Ausbildung junger Pferde sehr bewährt. Wie bei allen Arbeitsreitweisen wird dem Pferd dabei, im Gegensatz zur »englischen Reitweise«, nur dann eine Hilfe gegeben, wenn es etwas Neues tun oder etwas verändern soll.

Das Pferd wird darauf konditioniert, die einmal vorgegebene Gangart, das Tempo und die Richtung selbstständig zu halten, bis ein neues Signal kommt. Der Reiter sitzt solange passiv, bis er einen Tempo- oder Richtungswechsel veranlassen möchte oder bis das Pferd eine Korrektur benötigt, weil es zum Beispiel langsamer geworden ist. Dazu gibt er nur solange Signale über Stimme, Gewicht, Zügel und Schenkel, bis das Pferd richtig reagiert. Dann werden die Hilfen sofort ausgesetzt.

Die Zügel werden locker und ohne Anlehnung gehalten. Die Pferde laufen in freier Haltung, werden gelassen und entspannt, reagieren sensibel auf

Ein Roundpen ist ideal für die ersten Male selbstständig Reiten.

Freiheit auf Ehrenwort

Mit den Reiterhilfen auszusetzen und das Pferd in »Freiheit auf Ehrenwort« zu entlassen, wenn es alles richtigmacht, ist der Schlüssel zur feinen Reitkunst.

François Robichon de la Guérinière (1688–1751)

Hilfen und finden so ihr Gleichgewicht. Diese Reitweise ist für Jungpferde einfach zu verstehen. Sie können damit auf prompte Reaktionen und feine Hilfen ausgebildet werden. So wird die Grundlage für eine solide weitere Ausbildung in jeder Reitweise geschaffen.

Drehsitz

Die Grundlage für das Abwenden und Reiten von gebogenen Linien ist der Drehsitz. Durch die Oberkörperdrehung des Reiters wird das Pferd leicht aus dem Gleichgewicht gebracht und richtet seine Schultern wieder parallel zu den Reiterschultern aus. Dabei dreht sich die Reiterhüfte nicht mit.

Der Drehsitz: Drehen ohne zu hängen oder zu überdrehen – die Hüfte darf nicht mitdrehen.

Schultern und Hüfte von Reiter und Pferd sollten jeweils immer parallel zueinander sein.

Je enger die Volte bzw. die Wendung werden soll, desto stärker muss der Reiter sich drehen. Um den Oberkörper und den Kopf korrekt zu drehen, nicht zu viel und nicht zu wenig, gibt es ein einprägsames Bild: Stellen Sie sich vor, Sie sind in der Dunkelheit in unwegsamem Gelände unterwegs. Nur drei Lichter beleuchten den Weg in Richtung Ziel: eine Stirnlampe und zwei Fahrradlampen an Ihren Schultern.

Die Wirbelsäule des Reiters muss dabei aufrecht bleiben, darf sich also nicht seitlich verbiegen. Dieser Fehler wird oft unkorrekt als »in der Hüfte einknicken« bezeichnet und schiebt das Pferd durch die falsche Gewichtsverlagerung nach außen, statt es nach innen abbiegen zu lassen.

Neigen Sie dazu, die innere Schulter und Körperseite in die Wendung hängen zu lassen, atmen Sie bewusst in Ihre inneren seitlichen Rippen, um diese Seite wieder aufzurichten.

Merke: Drehen ohne Hängen!

Besonders auf der steiferen Körperseite setzt das Pferd den Reiter in der Wendung nach außen. Lässt der Reiter das zu, hat er zwar ein harmonisches Sitzgefühl, aber das Pferd wird sich auf dieser Seite nicht korrekt biegen und keine genaue Linie einhalten können, denn der Schwerpunkt des Reiters ist nicht über dem des Pferdes. Hier muss der Reiter lernen, »entgegen« den Wünschen seines Pferdes zu sitzen und sich zum Beispiel durch einen Bügeltritt auf der inneren Seite, dem die Hüfte und die Gesäßknochen folgen, wieder korrekt in den Mittelpunkt des Sattels zu setzen. Das ist umso schwieriger, je steifer das Tier ist, je weniger es bisher gymnastiziert wurde und je breiter die Sitzfläche des Sattels ist.

Schenkelhilfen

Im Gegensatz zu den quasi »selbsterklärenden« Gewichts- und Zügelhilfen muss das Pferd die Bedeutung der Schenkelhilfen erst lernen.

Treibende Hilfen

Solange das Pferd noch geführt wird, gibt der Reiter die Schenkelhilfen gleichzeitig mit den Signalen des Pferdeführers. Reitet er alleine, gibt er das Stimmkommando »an« und gleichzeitig die Schenkelhilfen. Reagiert das Pferd nicht, tippt man es mit der Gerte leicht hinter dem Schenkel an.
Machen Sie nicht zu viel Druck, wenn das Pferd nicht gleich losgeht. Vielleicht kämpft es mit seinem Gleichgewicht unter dem ungewohnten Reitergewicht oder braucht eine kurze Bedenkzeit, was denn nun gefragt ist. Stört man es in dieser sensiblen Phase, kann es passieren, dass es vor Spannung losbuckelt. Überstellen Sie lieber den Pferdekopf mit breit geführter Hand so weit nach einer Seite, dass es einen Schritt zur Seite machen muss, um sein Gleichgewicht wiederzufinden. Aus diesem Ausfallschritt gehen die meisten Pferde leichter los, weil die »Nachdenkstarre« durchbrochen wurde. Klappt es beim ersten Mal noch nicht, wiederholen Sie diese Technik oder probieren die Überstellung nach der anderen Seite.

Schenkelhilfen in der Wendung

Der innere Schenkel liegt locker am Gurt und hilft dem Pferd sich zu biegen. Man setzt ihn immer nur impulsartig ein, wenn das Pferd droht auf die innere Schulter zu kippen. Der äußere Schenkel liegt verwahrend eine Handbreit (das ist weniger als Sie denken!) hinter dem Sattelgurt, damit die Hinterhand nicht nach außen wegdriftet.

Direkte Zügelführung – die breit geführte Hand

Durch die Oberkörperdrehung im Drehsitz bewegen sich die korrekt gehaltenen Arme und Hände automatisch in die richtige Position für das Abwenden. Für das noch ungeübte Pferd reicht das jedoch oft nicht, sodass man beim »Lenken« etwas nachhelfen muss. Dazu arbeitet man mit der direkten Zügelführung. Vereinfacht kann man sagen, dass die Hände und Zügel die Vorhand kontrollieren und die Schenkel die Hinterhand.

Die Reiterhand, auf Höhe des Widerrists deutlich nach innen oder außen geführt, hilft die Schultern

Breit geführte Hände, der Außenzügel hält das Pferd auf der gewünschten Linie.

des Pferdes in die gewünschte Richtung zu führen. Sie ist nicht geeignet, um das Pferd im Genick zu stellen.

Schauen Sie in die Richtung der Wendung und zupfen den inneren Zügel zur Seite, während der äußere einen leichten Kontakt hält. Das Wichtigste ist auch dabei wieder: Zupfen – Nachgeben – Zupfen – Nachgeben.

Drängt das Jungpferd auf einer Hand nach innen und der innere Schenkel reicht zur Korrektur nicht aus, hilft es, das Pferd außen breit zu führen mit mehr oder minder starkem Zug nach außen. Stellen Sie das Pferd nach innen mit dem inneren Zügel und führen Sie die äußere Hand zur Seite, um Ihr Pferd auf dem Hufschlag oder der gewünschten Linie zu halten. Diese Technik verhindert, dass das Pferd sein Gewicht zu stark auf die innere Schulter legt (auf die innere Schulter »fällt«) und die Ecken oder die Zirkellinie abkürzt.

Mit der breit geführten Hand kann man auch in der späteren Ausbildung Schiefen korrigieren. Wenn ein Pferd zum Beispiel im Galopp die Hinterhand in die Bahn stellt, korrigieren Sie es am einfachsten, indem Sie die innere Hand breit nach innen führen und so die Vorhand wieder vor die Hinterhand stellen.

Grundübungen unter dem Sattel

Klappen die Grundübungen wie Anreiten, Halten und »ungefähres« Lenken gesichert am Seil des Helfers, ist das Jungpferd (und Sie!) entspannt und konzentriert, können Sie es alleine versuchen. Dabei sollte der Helfer weiter in der Nähe bleiben, um den Reiter bei Schwierigkeiten unterstützen zu können.

Fühlt sich das Pferd ängstlich und unsicher oder stark schwankend an, lassen Sie es mit dem vorher am Boden sicher installierten Stimmkommando »Haalt« anhalten, ohne am Zügel zu ziehen und

Breit geführte innere Hand, der Außenzügel liegt als Begrenzung am Hals an.

geben ein Leckerli. Nun atmen Sie tief aus und probieren nochmal ganz ruhig, anzureiten. Fühlt es sich immer noch unsicher an, lassen Sie sich lieber einmal öfter wieder ans Seil nehmen oder steigen vorsichtshalber ab und versuchen, am Boden, seine Konzentration und sein (und Ihr eigenes) inneres und äußeres Gleichgewicht wieder herzustellen. Eine optische Hilfe gegen Schwanken kann auch das Reiten durch breit gelegte Gassen sein.

Übergänge vom Schritt zum Halten und vom Trab zum Schritt

Wir lehren das Pferd, auf unsere Körpersprache entspannt zu reagieren, anstatt am Zügel zu ziehen und Abwehr und Verspannung hervorzurufen. Damit legt man die Grundlage dafür, dass das Pferd sich später ohne Widerstand in jeder Lebenslage fein durchparieren lässt.

Bleiben Sie aufrecht sitzen, spannen Sie die Bauchmuskeln an und kippen Ihr Becken leicht nach vorne, bis die Sitzknochen circa 2 cm nach vorne gleiten (Bauchnabel in Richtung Wirbelsäule ziehen).

Atmen Sie dabei tief aus und geben dabei das Stimmkommando »Haalt«. Für das geglückte Anhalten gibt es anfangs jedes Mal ein Leckerli, so dass es zur Lieblingsübung wird. Denken Sie daran, im Stand ist noch (fast) niemand runtergefallen!

Klappt das zuverlässig, nehmen Sie langsam feine Zügelhilfen dazu und die verwahrenden Schenkel, die den Pferdeleib eine Handbreit hinter dem Gurt sanft umschließen, um das Pferd zu mehr Untertreten mit der Hinterhand zu animieren.

Trab

Gelingt das selbstständige Antraben und Durchparieren ohne Hilfe des Pferdeführers auf beiden Händen und lässt sich das Pferd im Schritt zuverlässig lenken, ist die Zeit reif, es ohne Seil oder Longe zu probieren.

Ein eher ruhiges Pferd trabt man zunächst geradeaus auf der ganzen Bahn und lässt es erst einmal

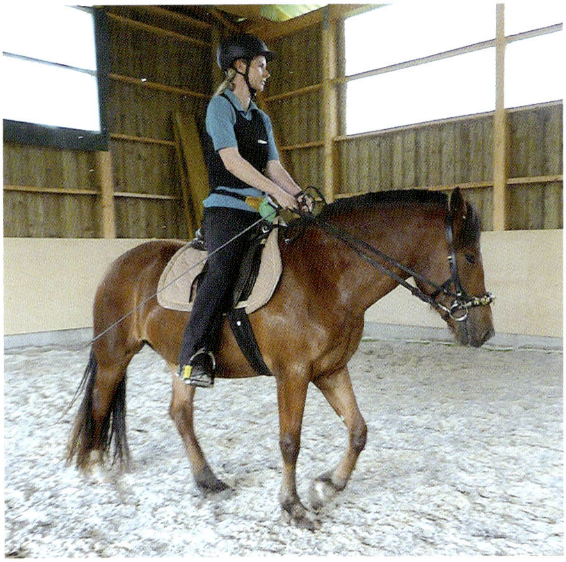

Reiten mit vier Zügeln als Vorbereitung für die Umstellung auf Trense.

Trab in freier Haltung flüssig vorwärts.

flüssig vorwärts seinen Takt finden. Mit flotteren Exemplaren reitet man besser von Anfang an große gebogene Linien, am besten den vom Longieren gewohnten Zirkel. Dabei hilft sehr, wenn sich das Pferd an den wie zum Longieren aufgestellten Pylonen als Innenbande und als nächsten Punkt orientieren kann.

Übergänge vom Trab zum Schritt

Auch hier nutzen wir das vom Longieren bekannte Stimmkommando »Scheritt« zusammen mit ausatmen, Oberkörper aufrichten, Becken nach vorne kippen (das Gegenteil vom Hohlkreuz) und später feine Zügelhilfen und die verwahrenden Unterschenkel.

Aussitzen oder Leichttraben?

Richtig ist, was sich gut anfühlt! Viele Jungpferde kommen durch das Aufstehen und Einsitzen oder durch einen zu weit nach vorne gebeugten Oberkörper beim Leichttraben aus dem Gleichgewicht und machen Taktfehler. Je nach Typ und Temperament bremsen sie abrupt ab und klemmen im Rücken oder sie rennen unbalanciert ihrem Gleichgewicht hinterher. Gut gemeintes »Entlasten durch übertriebenes Nach-vorne-Kippen« sollten Sie unbedingt vermeiden!

Wenn Sie solche Probleme bemerken, richten Sie Ihren Oberkörper mehr auf und bleiben in einem eher ruhigen Trabtempo sitzen. Falls beim Aussitzen etwas »klemmt«, geht man ganz leicht in den Entlastungsitz mit relativ aufrechtem Oberkörper und probiert es so. Die passende Sitzart kann sich im Laufe der Ausbildung auch ändern. Bleiben Sie flexibel und probieren, was aktuell am besten klappt.

Im Entlastungsitz wird mit circa zwei bis drei Löchern kürzeren Bügeln als im Vollsitz geritten. Der Oberkörper wird nur leicht nach vorne geneigt, das Gesäß zurückgenommen.

Besonders für rückenempfindliche Pferde mit fragilem Gleichgewicht und gutem Vorwärtsdrang ist in den höheren Gangarten der effektive leichte Sitz (Chironsitz nach Rolf Becher) eine sehr gute Wahl.

Für das Reiten im leichten Sitz werden die Steigbügel fünf bis acht Löcher kürzer geschnallt als im Dressursitz. Stellen Sie sich in die Steigbügel, das Gesäß wird zurückgeschoben, sodass die Hose den Sattel noch ganz leicht berührt. Das Gesäß soll »am Sattel, aber nicht im Sattel« sein. Neigen Sie den Oberkörper bei gerade gehaltenem Rücken so weit nach vorne, dass die Schultern eine lotrechte Linie mit Knie und Steigbügel bilden. Die Hände liegen links und rechts vom Mähnenkamm am Pferdehals. Ein großer Vorteil dieses Sitzes ist, dass der Reiter perfekt mit ruhigen Händen reiten kann!

Seine Stabilität bekommt der leichte Sitz durch das »Fundament« von Knie, Wade und Fuß. Ist der Sitz im Trab stabil und ausbalanciert, kann der Reiter mit der Galopparbeit beginnen.

Um in die Bewegung eingehen zu können, muss der Reiter federnd-elastisch im Steigbügel stehen. Dieses Mitschwingen setzt sich durch alle Gelenke fort, Hüfte, Knie und Knöchel. Als Gegengewicht zum nach vorne geneigten Oberkörper wird das Gesäß weit zurückgenommen. Diese Haltung ist für die Muskulatur des Rückens und der Beine ziemlich anstrengend! In den Schrittphasen nimmt man daher zur Entspannung die Füße aus den Bügeln.

Stabiler leichter Sitz.

Reif für den Galopp?

Einige Reitlehren raten, in der Bahn erst zu galoppieren, wenn das Pferd alle Seitengänge im Schritt und Trab ausbalanciert gehen kann. Das ist sicher ein bedenkenswerter Ansatz – nur in der Praxis würden es viele Freizeitreiter mit ihren Pferden auf diese Weise niemals bis zum Galopp in der Bahn schaffen. Wir brauchen also einen einfacheren Weg zum Galopp.

Tatsache ist: Eher schwere, nicht so leichtfüßige Pferderassen wie Fjordpferde oder Kaltblüter (z. B. Tinker oder Freiberger) und auch viele Gangpferde tun sich schwer mit Galopp auf gebogenen Linien. Die Mindestvoraussetzung für einen gelungenen Galopp in der Bahn ist ein Pferd, das im Trab auf geraden und gebogenen Linien sein Gleichgewicht gefunden hat und zuverlässig lenkbar und anzuhalten ist. Eine gute Vorübung ist Angaloppieren und Galopp ohne Reitergewicht an der Longe. Mit nicht zu »heißen Öfen« können Sie natürlich schon vorher im Gelände geradeaus galoppieren üben, am besten hinter einem ruhigen Führpferd (siehe Kapitel »Reiten im Gelände«).

Das dreijährige Jungpferd bockt beim Angaloppieren aus Verspannung in der Prüfungssituation.

Angaloppieren

Machen Sie es dem pferdigen Schüler und sich selbst leicht und konditionieren Sie ihn an der Longe auf das Angaloppieren in der zweiten Ecke der kurzen Seite. Das wird ein paarmal geübt, bis es auf Stimmkommando mit ganz wenig oder ohne Peitschenhilfe klappt. Auch hier hilft wieder begeistertes Stimmlob beim Anspringen und nach ein paar Sprüngen durchzuparieren und ein Leckerli zu geben.

Beim Reiten probieren Sie das Angaloppieren in der bekannten Ecke mit dem Stimmkommando, etwas Gertenunterstützung an der Pferdeschulter und zusätzlich der reiterlichen Galopphilfe (innere Hüfte vorschieben, treibender Impuls mit dem inneren Schenkel am Gurt, äußerer Schenkel liegt verwahrend am Pferd). Bei allem, was mit Galopp zu tun hat, ist es ratsam, mit der Gerte an der Schulter statt hinter dem Schenkel zu touchieren, sonst könnten als Reaktion ein paar Bocksprünge kommen. Stellen Sie das Pferd dabei gerade oder sogar nach außen, damit die innere Schulter frei ist (siehe auch die Erklärung dazu im Kapitel Longieren). Erstmal übt man nur das Angaloppieren mit ein paar Sprüngen auf der langen Seite geradeaus. Parieren Sie durch, bevor der Galopp flacher wird oder aus dem Takt kommt. Erst wenn das Pferd im Trab gebogen und rittig auf dem

Zirkel gehen kann, sollte man länger und auf gebogenen Linien galoppieren.

Buckeln/Bocken

Wenn das junge Pferd beim Angaloppieren einen Bocksprung macht, nennt der Reiter das oft einen »Freudensprung«. Ich habe noch nie etwas Freudiges in diesen Sprüngen sehen können, eher etwas Unkoordiniertes, Verspanntes, Ängstliches oder Verzweifeltes. Es ist wohl eher so, dass hier ein Problem schöngeredet wird, solange es den Reiter (noch) nicht in Sitzschwierigkeiten bringt. Suchen Sie also besser rechtzeitig die Ursache und versuchen sie abzustellen!

Mögliche Ursachen

- Überfallartige Hilfen beim Angaloppieren,
- unruhiger Sitz beim Angaloppieren (bringt es aus dem Gleichgewicht, wodurch es über irgendwelche Buckler in den Galopp rennt),
- das Stören mit den Händen (Pferd bekommt Angst vor der Galopphilfe, erwartet schon den schmerzhaften Ruck im Maul),
- unpassender Sattel, der zum Beispiel beim Galoppieren nach vorne rutscht und auf den Schulterknorpel drückt,
- »Stallmut« – zu wenig freie Bewegung, zu viel Stehen in der Box oder im engem Paddock,
- »Wetter« – Muskelverspannungen durch nassen Rücken oder feucht-kaltes Wetter, starker Wind, Temperatursturz

Das Notfallprogramm bei mehr als einem Bocksprung: Nehmen Sie eine (die innere) Hand hoch, stellen das Pferd stark nach innen und geben einen oder notfalls mehrere kräftige Aufwärtsruck(e) am Zügel.

Unfallvermeidung

Gerade wenn das Pferd noch nicht »rittig« ist, d.h. auf Einwirkungen von oben noch nicht zuverlässig reagiert, beginne ich das Training grundsätzlich am Boden. So kann man schauen wie die Stimmung heute ist, evtl. Spannung herausnehmen, Konzentration fördern und sich aufeinander einstimmen. Das sind je nach Lust und Laune ein paar am losen Zügel geführte Runden und Figuren auf beiden Händen durch die Bahn mit ein paarmal Anhalten und Losgehen oder klassische Handarbeit auf gebogenen Linien mit Seitengängen. Das hat auch den Vorteil, dass man schon vor dem Aufsteigen und Losreiten nach und nach genügend nachgurten kann und das Pferd sich an den enger anliegenden Gurt gewöhnt.
Besonders im Winter bzw. bei eingeschränkter freier Auslaufmöglichkeit hat sich Longieren vor dem Reiten bewährt. Damit ist natürlich nicht wildes Herumscheuchen mit knallender Peitsche und »Ausbocken-Lassen« gemeint! Zeigt das Pferd viel Gehwillen, lassen Sie es in ruhiger Atmosphäre fleißig traben, bis es sich dehnt und abschnaubt.
Bei stürmischem Wetter, plötzlichem Wetterwechsel auf kalt oder wildem Treiben im Umfeld des Trainingsortes, weil gerade ein Volkslauf vorbeikommt oder Dorffest ist, verzichtet man eventuell besser aufs Reiten oder passt das Übungsprogramm an. Vertrauen Sie Ihrem Gefühl! Vielleicht ist es auch ratsam, heute nicht zu traben oder zu galoppieren, sondern lieber im Schritt punktgenaues Lenken zwischen vielen Pylonen zu üben.

Stangen und Pylonen als Wegweiser durch die Bahn

Ich bin ein sehr großer Fan von Stangen und Pylonen als Wegweiser für Figuren in der Bahn. Dabei

Gassen können dem Jungpferd helfen, sein Gleichgewicht zu finden.

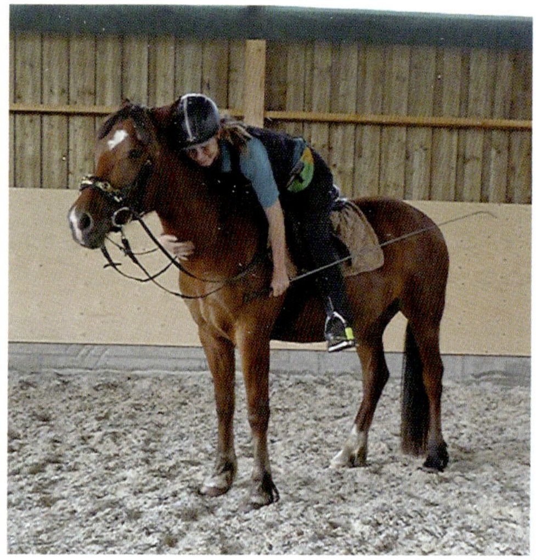

Geduld haben und sich ehrlich freuen, wenn es gut klappt!

können die Stangen abwechselt überritten und als Leitlinien (Gassen) genutzt werden. Der Phantasie sind dabei keine Grenzen gesetzt. Für Jungpferde macht es eher Sinn, von einem sichtbarem Punkt zum anderen zu laufen als in abstrakten Figuren durch die Bahn gelenkt zu werden, dem Reiter fällt es leichter auf sein Ziel zu schauen.

Pylonentore durchreiten

Immer zwei Pylonen werden mit etwa einem Meter Abstand in der ganzen Bahn verteilt aufgestellt. Diese Tore sind ideal, um seinen Weg durch die Reitbahn zu finden. Sie geben Mensch und Pferd Halt und Führung. Man bleibt konzentriert und fokussiert und überlegt weniger, was dem Pferd als nächstes einfallen könnte.

Die Tore sind nützlich für faule oder klemmige Pferde, weil sie ein Ziel erkennen und für aufgeregte, da der Reiter durch den klaren Plan auch klare Hilfen und Führung gibt. Überlegen Sie sich einen »Parcours« und wenden Sie beim durchreiten eines Tors den Blick schon zum nächsten Tor. Eine gute Übung ist bei Tor 1 antraben, bei Tor 2 durchparieren, im Schritt zu Tor 3, dann wieder antraben usw. Faule Pferde machen bereitwilliger mit, da sie wissen, dass die Anstrengung begrenzt ist. Eilige werden gebremst und zum besseren Zuhören erzogen.

Wie oft und wie lange reiten?

Hier hat es sich bewährt, dem Pferd genügend Denk- und Verarbeitungspausen zu geben. Anfangs reicht etwa zweimal pro Woche reiten, nach einigen Monaten höchstens jeden zweiten Tag. An den Tagen dazwischen sollte das Pferd viele Koppelpausen in der Herde machen, mindestens zwei Tage pro Woche. An den anderen Tagen kann man Bodenarbeit über Hindernisse, Spazierengehen, Longieren oder – wer Spaß daran hat – Zirkustricks trainieren.

Überforderung erkennen

Im Eifer des Trainings übersieht man schnell die kleinen Anzeichen, die später große Probleme bereiten können. Wenn ein Pferd bockt, steigt oder durchgeht, kommt das nur in Ausnahmefällen wie aus heiterem Himmel. Ziemlich sicher hat uns das Pferd schon lange vorher angezeigt, dass es etwas nicht in Ordnung findet.

Beispiele für Stressanzeichen: Gekräuselte, hochgezogene Nüster, ein dreieckig angespanntes Auge mit Sorgenfalten darüber, angehobener Kopf mit angespannter Unterhalsmuskulatur, unruhiges Herumzappeln oder Erstarren, mit dem Schweif schlagen, mit einem Bein aufstampfen.

Natürlich müssen Sie nicht bei jedem kleinen Stressanzeichen reagieren und etwas ändern, aber sie sollten aufmerksam sein und es bemerken. Dann entscheiden Sie, ob es nötig ist, die Anforderung etwas zu verkleinern, einen Grund zum Loben zu finden, eine Pause zu machen oder ob es Zeit für das Pferd ist, sich etwas mehr Mühe zu geben und seine Frustrationstoleranz ein wenig zu erhöhen.

Wie lange dauert die Grundausbildung?

Wie lange dauert es im Durchschnitt, bis ein Reitpferd eine gute Grundausbildung unter dem Sattel hat? Für eine solide Grundausbildung sollte man unter günstigen Umständen, guten Trainingsbedingungen, regelmäßigem planvollen Üben und keinen gesundheitlichen Ausfällen mindestens ein ganzes Jahr rechnen. Auch in unserer schnelllebigen Gegenwart brauchen Knochen, Muskeln, Sehnen und vor allem das Gehirn genügend Zeit, um sich an die Anforderungen zu gewöhnen und sie ohne Schaden zu erfüllen. Ganz sicher ist: Nach drei Monaten Beritt ist das auch vom besten Profi nicht zu schaffen!

Keine Reitbahn – mach' das Beste draus!

Natürlich ist es gerade mit einem Jungpferd ideal, auf einem wenig frequentierten Reitplatz mit griffigem Boden und solider Einzäunung trainieren zu können oder noch besser in einer Halle mit einem Dach über dem Kopf und ohne viel Ablenkung von außen.

In den vier Jahrzehnten meines Reiterlebens hatte ich die meiste Zeit weder eine Reithalle noch einen Reitplatz mit erträglichem Boden in zu Fuß erreichbarer bzw. erreitbarer Entfernung zur Verfügung. Dafür leben meine Pferde in der Herde im Offenstall und auf großen Weiden in günstiger Selbstversorgung, und wir erfreuen uns an einem landschaftlich schönen Ausreitgelände. Bei trockenem Boden nutzen wir ein relativ ebenes Stück Weide als Übungsplatz. Diese Reitwiese haben wir mit Elektrozaun abgeteilt, sie wird nur bei trockenem Wetter abgeweidet und genutzt, damit nichts vermatscht und keine Löcher entstehen.

Unter solchen (von vielen Reitern als schlecht bis untauglich angesehenen) Voraussetzungen haben einige ReiterfreundInnen und ich im Laufe der Jahrzehnte eine ganze Reihe Jungpferde der verschiedensten Rassen zu vielseitigen, zuverlässigen Freizeitpferden ausgebildet. Bestimmt dauerte manches länger als unter »optimalen« Trainingsbedingungen – aber wer hat diese idealen Möglichkeiten tatsächlich? Dafür haben wir doch alle Zeit der Welt, denn ein solide ausgebildetes und artgerecht gehaltenes Freizeitpferd wird bei ver-

nünftigem Training und mäßiger aber regelmäßiger Nutzung (und natürlich mit etwas Glück!) sehr alt und bleibt lange reitbar. Meine Islandstute Sída ist mit 29 immer noch fleißig auf mehrstündigen Ausritten unterwegs und für Bodenarbeit und ab und zu ein paar gymnastizierende Übungen zu begeistern.

Im Laufe der Zeit haben wir gelernt, die Gegebenheiten zu nutzen und kreativ zu sein. Viele Übungen der Ausbildung am Boden kann man gut im Paddock oder im Hof durchführen. Sobald das Pferd sich sicher führen lässt, geht es mit auf Spaziergänge im Gelände. Der nächste Schritt ist Handpferdereiten, später auch mit Reiter. Beginnt man das Anreiten im Frühling, hat man das ganze Sommerhalbjahr Zeit, das Pferd soweit reitbar auszubilden, dass man im nächsten Winter im Gelände reiten kann.

Unsere Pferde lernen sehr früh, regelmäßig und ganz selbstverständlich Hänger zu fahren, zuerst gemeinsam mit einem erfahrenen Pferdekumpel. So kann man eine weiter entfernte Halle nutzen,

Auch auf einer Reitwiese kann es stetig Fortschritte geben.

einen Reitlehrer und Auswärtskurse besuchen. Bei uns auf der Schwäbischen Alb kann man im Winter wegen Schnee und Glatteis oft monatelang nicht Hänger fahren und auch nicht viel im Gelände reiten. Dann ist Zeit, das Gelernte setzen zu lassen, auf kleinem Raum an Einzelheiten wie »geschlossen Stehen« zu feilen, das Gleichgewicht mit Balance-Pads und Wippen zu fördern und ein paar Zirkustricks zu üben.

Bei miesem Regenwetter und Matschboden kann man auch im Schritt auf Asphaltwegen das Pferd ein wenig gymnastizieren: Stellen und biegen, an Wegkreuzungen ein paar Volten reiten, Seitengänge und für kurze Reprisen antraben und durchparieren üben. Auf Schotterwegen im Wald ein paar abgebrochene Äste über den Weg legen und darüber reiten. Einen leeren fein geschotterten Waldparkplatz für ein paar Zirkel und Bahnfiguren nutzen. Wer hier reiten kann, kann überall reiten.

Reiten im Gelände

Mit ihrem Pferd im Gelände unterwegs sein ist für die meisten Freizeitreiter eins der Hauptziele der Ausbildung. Außerhalb des geschützten Raumes auf dem Reitplatz oder der Reithalle erwarten das Pferd neue Anforderungen wie stark befahrene Straßen, plötzlich hochfliegende Vögel, eine grasende Kuhherde oder plötzlich von hinten auftauchende Mountainbiker.

Spazierengehen

Früher in der Landwirtschaft lief das Fohlen von Anfang an mit, wenn die Mutterstute auf dem Feld arbeitete oder einen Wagen durchs Dorf oder durch Wald und Wiesen zog. Zuerst frei, nach ein paar Monaten wurde es neben der Mutter angebunden, damit es keine unerwünschten und gefährlichen Extratouren unternahm. So gewöhnte es sich von klein auf an seine Umwelt und lernte von der Mutter, dass ihm dort keine Gefahr droht. Was früher gang und gäbe war, ist heute wegen des hohen Verkehrsaufkommens nur noch selten möglich. In der Regel hat ein Jungpferd, das von seiner Aufzuchtherde kommt, noch nicht viel gesehen außer seinem Stall, den Weiden und vielleicht ab und zu einen Traktor.

Wann ist ein Jungpferd reif fürs Gelände? Sobald es sicher halfterführig ist, sind Spaziergänge eine schöne und sinnvolle Vorübung für das Ausreiten. Grundsätzlich sollte es keine Angst vor Autos haben und möglichst schon einige Schreckhindernisse kennengelernt haben (siehe Kapitel Grundausbildung und Bodenarbeit). So können Sie seine Reaktionen auf überraschende Ereignisse abschätzen. Dann kommt es auf das Gelände selbst an: In dünn besiedelten Gegenden ohne große Straßen ist das Risiko natürlich geringer als am Stadtrand neben der Autobahn.

Spaziergang in der Gruppe.

Eine ganz kleine Runde spazieren gehen können Sie auch schon mit Pferdekindern unter einem Jahr. Gehen Sie sehr lange nur in Begleitung eines souveränen, vertrauten erwachsenen Pferdes los, das ihm Sicherheit gibt. Ganz besonders junge Pferde brauchen in freier Wildbahn den Schutz der

Herde, um nicht schnell das nächste Abendessen eines Raubtieres zu werden. Dieser Instinkt eines Fluchttiers »niemals alleine zurückzubleiben oder sich zu weit von der Herde zu entfernen« ist noch fest verankert. Daher wird das Jungpferd alleine ziemlich sicher Angst bekommen und versuchen, sich loszureißen und um jeden Preis zu seiner Herde zurückzulaufen.

Ganz besonders schwer haben es sogenannte »Kleber«, die alleine in null Komma nichts in eine oft nicht mehr handelbare Panik geraten. Mein erstes Pferd Sirky war so ein Exemplar und hat mich viele Nerven gekostet. Ich habe gehört, dass zu früh und zu abrupt abgesetzte Fohlen durch dieses Trauma oft zu Klebern werden. Leider weiß ich nichts von Sirkys Vorgeschichte, sie kam von einem Händler und vorher vermutlich aus Tschechien. Ich vermute jedoch sehr, dass es in ihrem Leben ein oder mehrere traumatische Verlassenheitserlebnisse gegeben haben muss. Nach längerem Üben konnte ich zwar relativ gut und sicher alleine ausreiten, alleine zuhause bleiben war jedoch bis zum Schluss ein Drama.

Meine Islandstute Sída und mein Exmoorpony Lavena sind in der Herde geboren und aufgewachsen. Sie wurden ziemlich sicher von der Mutterstute langsam entwöhnt als das nächste Fohlen auf die Welt kam. Bei beiden gab es von Anfang an überhaupt keine Probleme mit dem alleine bleiben zuhause. Alleine spazieren gehen und ausreiten ohne Anspannung brauchte etwas Übung und ist bei Lavena mit jetzt sieben Jahren noch nicht in jeder Lebenslage sicher möglich. Verglichen mit der völligen Panik von Sirky war bzw. ist es mit den beiden aber ein Kinderspiel.

Trittsicherheits- und Konzentrationstraining.

Je sorgfältiger und geduldiger Sie das junge Pferd an das Unterwegssein im Gelände gewöhnen, umso leichter haben Sie es später bei Ausritten in der Gruppe und alleine. Gehen Sie – wie immer – in kleinen (wenn nötig winzig kleinen) Schritten vor und bleiben Sie unter allen Umständen positiv. Erfährt das Pferd in seiner Unsicherheit und Angst noch Druck oder unfreundliches Verhalten, wird es sich beim nächsten Mal noch vehementer weigern, die Herde und sein vertrautes Umfeld zu verlassen.
Sind die Spaziergänge zusammen mit anderen Pferden zur Routine geworden, können Sie die ersten Alleingänge unternehmen. Nun gehen Sie mit dem Jungpferd auf dem bereits bekannten Weg nur wenige Meter vom Weide- oder Stalleingang weg, am besten in Sichtweite der Herde. Dort halten Sie und lassen es kurz grasen oder geben Sie ein Leckerli. Achten Sie darauf, dass Ihr Pferd entspannt bleibt. Sonst gehen Sie wieder ein Stück zurück in Richtung Eingang, bis es sich beruhigt.

Üben Sie regelmäßig möglichst mehrmals in der Woche und tasten Sie sich langsam weiter weg von den anderen Pferden, bis eine kleine Runde um den Block daraus geworden ist. Unterwegs können Sie kleine Übungen wie Halten, ein paar Schritte seitwärts oder rückwärts, Zirkustricks wie »Küsschen«, Vorderhufe auf die Mitte eines Gullys stellen usw. einbauen und belohnen, um die Aufmerksamkeit des Pferdes auf Sie zu lenken, statt auf die drohenden Gefahren der Umwelt. Wird Ihr Pferd trotzdem immer wieder unsicher und zeigt Stress oder Angst, ist es noch nicht reif für Ausflüge alleine. Probieren Sie es zunächst weiter nur mit Pferdebegleitung.

Achtung: Bei wildem Wetter oder einem akuten Pubertätsanfall kann auch ein normalerweise schon gelassenes Pferd heftig reagieren. Folgen Sie Ihrem Gefühl, ob heute tatsächlich ein guter Tag für das Gelände ist, und verzichten Sie lieber einmal auf den Spaziergang oder Ausritt oder gehen Sie nur eine »todsichere« kurze Runde einmal um den Block.

Graspausen unterwegs

Unterwegs grasen lassen oder nicht ist unter Reitern eine heiß diskutierte Frage. Bei längeren Ausritten und Wanderritten ist klar, dass das Pferd zwischendurch etwas fressen muss. Eine Graspause kann aber auch auf kürzeren Touren sinnvoll sein: Wie wir wissen, wirkt Fressen mit tiefer Kopfhaltung entspannend bzw. im Umkehrschluss: nur ein einigermaßen entspanntes Pferd traut sich überhaupt, den Kopf zum Grasen herunter zu nehmen. Bei leichter Aufregung oder wenn die Konzentration zu Ende ist, geht es nach 10 bis 15 Minuten Graspause oft viel besser weiter.

Wichtig ist, dem Pferd das Grasen nur bewusst zu erlauben: Ich zeige dafür mit der Hand vor der Pferdenase nach unten. Wenn Sie nun noch darauf achten, nicht immer an der gleichen Wiese Halt zu machen und das Pferd nie unerlaubt grasen zu lassen, haben Sie gute Chancen auf entspanntes Unterwegssein ohne ein dauernd zum Gras gierendes Pferd.

Ausnahmen bestätigen die Regel: Stark futterorientierte Ponys versuchen es immer wieder und entwickeln oft ein unfassbares Geschick, überraschend schnell und heftig den Kopf ins lockende Gras herunterzureißen um doch ein paar Bissen zu erwischen. Je mehr Erfolgserlebnisse sie dabei haben, umso stärker wird das Verhalten. Hier hilft die Strategie »aufpassen und sich aufs Pferd konzentrieren«, um winzigste Ansätze gleich zu verhindern. Braves Verhalten sollten Sie immer wieder belohnen – durch Click und Leckerli oder durch kurze erlaubte Graspausen. Heftige Rucke an scharfen Knotenhalftern oder Führketten, Schimpfen, Schreien und Hochreißen schaffen neben schlechter Stimmung auf beiden Seiten nur ein abgestumpftes Pferd, das immer effektiver und schneller nach Gras schnappen wird.

Bei ganz hartnäckigen Fällen oder besonders verführerischem Frühlingsgras kann man für einige Spaziergänge oder Handpferderitte ein unten geschlossenes Nasennetz oder einen Weidemaulkorb anziehen. Schafft es das Pferd nun mit der Nase ins Gras, bekommt es so schnell keinen Halm durch die kleinen Löcher und gibt frustriert auf. Sie löschen das unerwünschte Verhalten, indem Sie Erfolgserlebnisse zuverlässig verhindern! Selbst meine Lavena, das futterorientierteste Tier das ich kenne, hatte sich nach nur drei Ausflügen mit Weidemaulkorb wie durch ein

Wunder in ein wohlerzogenes Spaziergehpony verwandelt! Lässt der Effekt nach einigen Monaten nach, reicht eine ein- oder zweimalige Auffrischung.

Maulkorb-Kur für hartnäckige Fressanfälle.

Reiten mit Handpferd

Vorteile für Jungpferde

Als Handpferd mitzugehen ist für ein Jungpferd eine wertvolle Vorübung für das spätere Geländereiten. Ein ruhiges Führpferd vermittelt Sicherheit. Das Handpferd wird ohne Reitergewicht auf langsam gesteigerten Strecken trainiert und lernt mit den Herausforderungen im Gelände klarzukommen. Hat man noch ein zweites Reitpferd spart man Zeit, weil zwei Pferde gleichzeitig bewegt und trainiert werden können.

Für die ersten Ausritte oder wenn man zu Beginn der Reitpferdelaufbahn in eine brenzlige Situation gerät, kann das daran gewöhnte Jungpferd samt Reiter jederzeit vom Mitreiter an die Hand genommen werden. Dazu braucht man nur ein (Knoten-) Halfter unter der Zäumung lassen und einen Führstrick mitnehmen.

Anforderungen an das Reitpferd

Das Reitpferd sollte geländesicher und gut ausbildet sein und jederzeit sicher an den Hilfen stehen. Im Idealfall lässt es sich in der Signalreitweise in allen Gangarten einhändig reiten und ist innerlich und äußerlich stabil mit einem eher gelassenen Temperament.

Anforderungen an das Handpferd

Das Handpferd sollte sicher halfterführig sein und die Grundausbildung am Boden erfolgreich durchlaufen haben, also auf Kommando anhalten, losgehen, antraben usw. ohne am Halfter zu zerren oder sich ständig treiben zu lassen. Es sollte sich beim Spaziergang auch in fremdem Gelände problemlos händeln lassen.

Ausrüstung

Für sehr sensible, gehorsame und zuverlässige Pferde reicht unter Umständen ein stabiles Halfter mit Strick. Aber welches Jungpferd ist schon unter allen Umständen gehorsam und zuverlässig? Sicherer ist es, eine Zäumung mit deutlicherer Einwirkung zu wählen, zum Beispiel ein Knotenhalfter, eine Lamaleine, Führkette oder einen Kappzaum.

Das Führseil muss so lang sein, dass das Handpferd eine Pferdelänge hinter dem Reitpferd gehen kann, also mindestens drei, besser vier Meter. Der Strick sollte keinen Panikhaken haben, da sich diese Haken durch einen Ruck des Pferdes von selbst lösen können. Gut geeignet ist ein stabiler Karabinerhaken, aber kein schwerer Bullsnap, der den Strick in für das Pferd unangenehme Pen-

Reiten mit Handpferd.

Im Straßenverkehr muss das Handpferd auf der rechten Seite geführt werden.

delbewegungen versetzt. Befestigen Sie das Führseil niemals am Sattel oder gar an sich selbst, das kann lebensgefährlich werden!

Tragen Sie grundsätzlich Reithandschuhe, damit es Ihnen nicht so geht wie mir vor vielen Jahren: Beim Sprung über einen Graben machte das Handpferd davor eine Vollbremsung und das Führseil wurde mit einem kräftigen Ruck durch meine ungeschützte Hand gezogen. Ein Finger trug eine klaffende Wunde davon, mit der ich die restlichen 20 Kilometer dieser Tagesetappe reiten musste, da ich dummerweise auch das Erste-Hilfe-Set vergessen hatte.

Außerdem brauchen Sie eine lange Gerte zum Treiben und nach vorne Begrenzen des Handpferdes.

Rechtliche Grundlagen

Auf Straßen und von Autos befahrenen Wegen muss das Handpferd nach der Straßenverkehrsordnung grundsätzlich auf der rechten, vom Verkehr abgewandten Seite geführt werden.

Im Wald und auf nicht öffentlichen Wegen in der Feldflur unterliegen Reiter und Pferde dagegen nicht der Straßenverkehrsordnung, sondern dem Bundesnaturschutz- und dem Bundeswaldgesetz. Auf diesen Wegen lasse ich das Handpferd zur Abwechslung gerne auf der linken Seite laufen, damit es nicht einseitig schief wird. Denn trotz aller Vorsicht, nicht am Strick zu ziehen, biegt sich das Handpferd doch meistens ein bisschen zur Führseite hin.

Vorübungen

Kennen sich die beiden Pferde noch nicht, lassen Sie sie in Ruhe Kontakt aufnehmen. Zusammen frei laufen lassen ist nicht nötig. Die Rangordnung zwischen beiden Pferden muss nicht geklärt sein, da der Mensch die Rolle des Leitpferdes übernimmt. Lassen Sie nicht zu, dass ein Pferd nach dem anderen giftet oder gar zu beißen oder zu schlagen versucht! Können sich die Pferde wirklich absolut nicht leiden, sollten Sie lieber auf diese Handpferd-Kombination verzichten.

Position des Handpferdes und treibende Einwirkung.

Seilgewöhnung für Pferd und Mensch

Reitpferd und Handpferd sollten an die Berührung eines Seiles am ganzen Körper gewöhnt sein, um auch »Verwicklungen« ohne Panik zu überstehen. Zeigen Sie dem Pferd das Führseil und berühren es vorsichtig damit. Lässt es sich das gut gefallen, streichen Sie es am ganzen Körper mit dem Seil ab. Nun legen Sie den Strick in einer Schlaufe um die Hinterhand des Pferdes und ziehen vorsichtig daran. Genauso verfahren Sie mit Brust und Schultern. Bleiben beide Pferde dabei entspannt, sind sie startbereit für das Handpferdetraining.

Wie hält man das Führseil des Handpferdes? Die Länge des Seils muss beim Handpferdereiten laufend den wechselnden Gegebenheiten angepasst werden, damit das Handpferd weder ständig einen Ruck abbekommt, noch in den zu tief hängenden Strick treten kann. Daher ist es sinnvoll, das Seil immer auf die gleiche Weise aufzunehmen, damit

Nachlassen und Nachgreifen zum Automatismus werden. Ich lasse beim Viermeterseil immer ein relativ langes Ende herunterhängen, dann mache ich je nach aktueller Länge eine oder zwei »Hasenohren«-Schlaufen (auf einer Seite offene Schlaufen, keine Ringe, die sich zuziehen können), die ich nach Bedarf durchrutschen lassen oder nachfassen kann. Das lange Strickende ist meine Notreserve, zum Beispiel für plötzliche Vollbremsungen. Hat man nur noch das Strickende in der Hand, ist es höchste Zeit, die Situation wieder unter Kontrolle zu bringen!

Position des Handpferdes

Der Kopf des Handpferdes sollte etwa auf Schulterhöhe des Reitpferdes sein. So haben Sie das Handpferd gut im Blick und können durch Touchieren auf der Kruppe rechtzeitig treibend einwirken, falls es langsamer wird oder plötzlich stehenbleibt.
Ist das Handpferd eher zu fleißig unterwegs, lassen Sie es ein Stück weiter hinten gehen, mit dem Kopf etwa auf Höhe Ihres Knies, da Sie dann besser bremsend einwirken können: Dazu tippen Sie mit der Gerte auf die Brust oder das Buggelenk außen oder bewegen die Gerte vor dem Pferdekopf als optische Mauer langsam auf und ab.

Wichtig ist, das Handpferd nicht zu weit vorne gehen zu lassen, denn sobald sein Kopf vor den Kopf des Reitpferdes kommt, ist es fast unmöglich, es langsamer werden zu lassen, ohne dass es quer vor das Reitpferd läuft. Ist es doch passiert, reiten Sie eine große Wendung auf die vom Handpferd abgewandte Seite. Durch den längeren Weg, den das Handpferd dabei zurücklegen muss, fällt es automatisch auf die richtige Höhe zurück.

Erstmal in der Bahn üben

Probieren Sie zuerst in einer Reitbahn anreiten und halten, ganze Bahn und großlinige Bahnfiguren. Funktioniert das gut, können Sie die Feinabstimmung durch kleinere Bahnfiguren und Bögen um Hindernisse verbessern.

Aufsteigen, Anreiten, Wenden, Anhalten

Zum Auf- und Absteigen stelle ich beide Pferde nebeneinander, Handpferd rechts, Reitpferd links und lege das Führseil über den Hals des Reitpferdes. Beide Pferde sollten bereits gelernt haben, solange eisern stillzustehen, bis das Kommando zum Losgehen kommt.

Zum Anreiten machen Sie beide Pferde durch ein Stimmkommando aufmerksam. Reiten Sie mit Blick auf das Handpferd an: Tritt es nicht sofort an, treiben Sie es durch Gertentipp auf der Kruppe. Beim nächsten Mal reicht wahrscheinlich schon das Heben der Gerte oder ein leichtes Gertenwedeln.

Für eine Wendung vom Reitpferd weg dirigieren Sie das Handpferd mit der Gerte auf etwas Abstand und lassen es vor Gerte und Reitpferd auf die Wendung weichen. Treiben Sie das Reitpferd, damit es seinen größeren Bogen gleichzeitig mit dem Handpferd schafft.

Möchten Sie eine Wendung in Richtung des Reitpferdes machen, muss das Handpferd schneller gehen, um seinen weiteren Weg gleichzeitig mit dem Reitpferd zu schaffen. Nehmen Sie die Gerte nach hinten in die treibende Position und treiben Sie nach Bedarf nach. Geht das Handpferd nicht automatisch mit dem Reitpferd in die Wendung,

Wendung vom Reitpferd weg.

geben Sie leichte Impulse am Führseil und treiben es gleichzeitig von hinten.

Zum Anhalten bereiten Sie beide Pferde wieder mit dem Stimmkommando vor. Kurz bevor Sie dem Reitpferd die Hilfen zum Halten geben, halten Sie die Gerte vor die Brust des Reitpferdes und geben, falls nötig, kleine Rückwärts-Impulse am Führseil. Es ist auf jeden Fall besser, das Handpferd hält etwas eher an als das Reitpferd und steht ein Stückchen weiter hinten, als wenn es am stehenden Reitpferd vorbeiläuft und vorne querkommt oder Sie gar aus dem Sattel zieht!

Engstellen passieren

Bei Engstellen und schmalen Wegen muss das Handpferd hinter dem Reitpferd gehen. Zurückbleiben und hintereinander gehen kann man gut mit einer Stangengasse üben.

Bewegen Sie die Gerte vor dem Kopf des Handpferdes auf und ab und lassen es dadurch langsamer werden und zurückfallen. Gleichzeitig treiben Sie das Reitpferd, damit es etwas schneller wird. Lassen Sie das Führseil lang und bewegen Sie die Gerte langsam seitlich neben dem Reitpferd hin und her, um dem Handpferd zu zeigen, dass es dort jetzt keinen Platz hat. Auf Wildwechseln hintereinander her zu laufen, ist eine angeborene

oben und unten: Engstelle passieren, das Handpferd geht hinter dem Reitpferd.

Verhaltensweise für das Herdentier Pferd. Darum gibt es meistens keine Schwierigkeiten, sobald sich das Handpferd hinter dem Reitpferd eingeordnet hat. Falls sich die Pferde noch nicht gut kennen oder das Reitpferd gerne ausschlägt, achten Sie besonders auf genügend Abstand und die Mimik des Reitpferdes, damit Sie es rechtzeitig verwarnen können!

Jedes Pferd hört auf seinen Namen

Sie reiten auf »Micky« und »Saba« läuft als Handpferd mit. Leider werden Ihre Arme immer länger, denn Micky rennt wie angestochen und Saba schlurft unmotiviert hinterher. Jetzt wird's kompliziert: Gleichzeitig Saba anfeuern und für Micky ein bremsendes »Laaangsaam«. Damit die Kommandos beim richtigen Pferd ankommen, sollten Reitpferd und Handpferd beide ihren Namen kennen und darauf reagieren.

Beginnen Sie beim täglichen Umgang mit den einzelnen Pferden immer den Namen vor einem

Mit Handpferd im Trab.

bekannten Kommando zu sagen, z. B.: »Micky, Huuf«, »Saba, Haalt« etc. und loben Sie die richtige Ausführung. Nach ein paar Tagen sollte jedes Pferd seinen Namen als Aufforderung zum Zuhören gelernt haben. Wenn Sie mit beiden Pferden unterwegs sind, ergänzen Sie die Stimmkommandos durch Reiterhilfen und Gertensignale.

Schnellere Gangarten

Zur Schonung des Pferdemauls reite ich fast immer einhändig und halte das Führseil des Handpferds in der anderen Hand. Bei aller Vorsicht lässt sich bei zweihändiger Zügelführung nicht immer vermeiden, dass die Bewegungen des Handpferdes über die Führhand auf das Gebiss des Reitpferdes übertragen werden. Auf Trab- und Galoppstrecken greife ich anfangs meistens mit der Handpferde-Hand zusätzlich in die Zügel, um besser einwirken zu können. Haben sich die beiden Pferde »eingelaufen« und gehen ruhig und ohne zu stürmen vorwärts, kann man die Zügel wieder in eine Hand nehmen.

Im Gelände unterwegs

Nehmen Sie die ersten Male einen Helfer mit, der ein ruhiges Pferd reitet oder mit dem Fahrrad mitfährt. Der Helfer kann bei Bedarf von hinten treiben oder vorneweg reiten als Begrenzung für ein aufgeregtes Handpferd.

Sind Sie irgendwann zum eingespielten Dreierteam geworden, können Sie beginnen, natürliche Geländeschwierigkeiten wie steile Böschungen, liegende Baumstämme, schmale Pfade oder Bäche zu überwinden. Gerade bei zukünftigen Wanderreit- oder Distanzpferden kann man mit steigender Rittdauer Kondition aufbauen und längere Ritte in unbekanntem Gelände unternehmen.

Nun steht sogar einem kleinen Wanderritt mit Handpferd in ruhigem Tempo mit kurzen Tagesetappen nichts mehr im Wege! Ist das Jungpferd bereits an den Sattel gewöhnt, kann es sogar schon Packtaschen mit leichtem Gepäck tragen. Zusammen mit einem erfahrenen Reitpferd lernt es so schon früh, mit neuer Umgebung und wechselnden Übernachtungsorten zurechtzukommen.

Mögliche Probleme

Sehr unterschiedliches Tempo

Sind Reitpferd und Handpferd unterschiedlich groß, haben unterschiedlich viel Temperament oder verschiedene Schrittlängen, kann es sein, dass das Handpferd immer wieder einmal antraben muss, um seine Position zu halten.

Um sich keinen Zackler zu erziehen, fangen Sie das Tempo beim Reitpferd soweit ein, dass das Handpferd noch im Schritt mitkommt. Viele Pferde brauchen etwas Zeit sich einzulaufen, dann können Sie das Tempo langsam steigern. Immer von hinten treiben, niemals am Führseil ziehen, bis der Hals immer länger wird und das Pferd auf der Vorhand latscht! Denken Sie daran, der »Motor« beim Pferd ist hinten! Auch das Handpferd sollte mit den Hinterbeinen gut untertreten. Trabt das Handpferd beim Antreiben an, sofort freundlich zum Schritt durchparieren.

Ein zu eifriges Handpferd lassen Sie mit dem Kopf nie weiter nach vorn als auf Ihrer Kniehöhe und halten ihm die Gerte bremsend vor die Brust. Will es dauerhaft schneller als das Reitpferd gehen und Ihnen tut schon der Arm weh, ist diese Kombination wahrscheinlich ungeeignet. Oder das Handpferd braucht noch mehr Vorbereitung, zum Beispiel durch lange ruhige Spaziergänge, damit es sich an die aufregenden Dinge im Gelände gewöhnt und entspannter im Schritt gehen kann.

Durchgehen

Zwei Pferde nebeneinander im Galopp entwickeln oft eine ganz schöne Dynamik! Überlegen Sie genau, ob und wo Sie galoppieren. Vielleicht vorsichtshalber nur auf dem Hinweg und leicht bergauf? Oder (heute) lieber gar nicht? Auch mit langen Trabstrecken können Pferde gut ausgelastet und trainiert werden!

Ist es doch passiert und beide Pferde starten zum Wettrennen durch und sind nicht zu halten, lassen Sie lieber das Handpferd los und versuchen, das Reitpferd durchzuparieren und umzudrehen. Das Handpferd wird ziemlich sicher kehrtmachen und zum Reitpferd zurücklaufen, wenn es merkt, sein Kumpel kommt nicht mit. Lässt es sich nicht einfangen, hilft es oft, in die entgegengesetzte Richtung wegzureiten, notfalls im Galopp. Das alles ist natürlich nicht ungefährlich für andere Verkehrsteilnehmer, die Pferde und Sie selbst. Vermeiden

Sie unnötige Risiken, damit es gar nicht erst zu so einer Gefahrensituation kommt!

Die ersten Ausritte

Die ersten Ausritte unternimmt man wieder zusammen mit einem vertrauten, ruhigen Pferd und einem (oder mehreren) verständnisvollen, erfahrenen Mitreiter, der sein Pferd sicher kontrollieren kann. Ideal ist es, wenn das Jungpferd ans Handpferdereiten gewöhnt und das vertraute Führpferd dabei ist. Lassen Sie ein Halfter unter der Zäumung an und nehmen Sie einen Führstrick mit, dann können Sie sich in unsicheren Situationen jederzeit an die Hand nehmen lassen. Falls Handpferdereiten nicht möglich ist, steigen Sie im Zweifelsfall schnell ab und führen, bis sich das Pferd (und Sie) wieder beruhigt hat.

Haben Sie an Ihrem Stall kein geeignetes Pferd-Reiter-Paar zur Verfügung, kann ich nur davon abraten, in der Not mit bekannt schreckhaften Pferden, unfähigen, verantwortungslosen oder auch nur gedankenlosen Mitreitern, Heizern oder

Der erste Geländetrab – vorsichtshalber als Handpferd.

Durchgängern auszureiten! Finden Sie eine andere Lösung, bevor Ihr Pferd verdorben wird oder sogar ein Unfall passiert!

Sie könnten zum Beispiel sehr gründlich alleine spazieren gehen üben, irgendwann mit Reitausrüstung losgehen und wenn es sich gut anfühlt, das Pferd ganz gelassen ist, ein Stückchen reiten. Hinterlassen Sie am Stall oder bei einem Angehörigen eine Nachricht mit Ihrer Start- und voraussichtlichen Rückkunftszeit und der ungefähr geplanten Strecke oder besorgen Sie sich eine GPS-Ortung für das Smartphone und eine Notfall-App. Schreiben Sie Ihren Namen und eine Telefonnummer für Notfälle in Ihren Reithelm und befestigen Sie einen kleinen laminierten Zettel mit Ihrem Namen und Telefonnummern von Ihnen und vom Stall am Sattel.

Oder nehmen Sie auf Ihre Touren einen wanderfreudigen oder radfahrbegeisterten Freund (eine Freundin, den Ehemann ...) mit. In brenzligen Situationen hilft es oft erstaunlich gut, wenn irgendjemand vorausgeht, es muss kein anderes Pferd sein. Außerdem bleibt man selbst entspann-

ter, wenn man sich mit jemandem unterhält und (nur ein wenig bitte!) von möglichen Gefahren abgelenkt wird.
Die idealen Mitreiter wohnen ein Stück entfernt? Laden Sie zuverlässige Reiterfreunde zum gemeinsam Spaziergang und nach Gewöhnung zum Ausreiten zu sich ein und fahren Sie selbst mit Ihrem Jungpferd dorthin, vielleicht auch gleich für ein paar Tage. Auf diese Weise gewöhnt sich Ihr Jungpferd schon an den Kontakt mit fremden Pferden sowie ans Hängerfahren und unterwegs sein an anderen Orten.

Ausrüstung

Lässt sich das Pferd in der Bahn sicher mit einer gebisslosen Zäumung, zum Beispiel einem Sidepull, reiten, ist das auch fürs Gelände eine gute Wahl. Für robustere Nasen an eigenwilligen Ponyköpfen gibt es auch Sidepulls mit festen runden Nasenriemen, für Araber und ähnliche Sensibelchen ist eher eine Lammfellpolsterung auf der Nase empfehlenswert.

Das Sidepull.

Geht das Pferd schon gut und zufrieden auf Trense, können Sie natürlich auch damit ausreiten gehen. Das hat nur den Nachteil, dass man für geplante Fresspausen das Gebiss ausziehen muss. Ein Halfter sollte das Pferd sowieso drunter tragen, schon damit man es zum Beispiel über Geländeschwierigkeiten wie Gräben oder steile Böschungen daran führen kann, statt ungewollt am Gebiss zu hängen und das empfindliche Pferdemaul zu verderben. Das Führseil können Sie entweder zusammengerollt am Sattel befestigen oder Sie nutzen Zügel mit Karabinerhaken, die man schnell vom Trensenring ans Halfter umhängen kann.

Der Helm für den Reiter sollte selbstverständlich sein. Ich selbst finde auch Sicherheitssteigbügel und eine Sicherheitsweste sinnvoll und reite entspannter damit (siehe auch Kapitel 5, Sicherheit für den Reiter).
Als ich eine Freundin auf ihrem jungen Isländer beim allerersten Ausritt begleitete, sah ihr Pony in der Ferne einige andere Pferde auf der Koppel. Es blieb gespannt stehen und beim Versuch es wieder anzutreiben, sprang es hoch und stieg, sodass sie herunterfiel und mit dem Rücken auf den Asphalt knallte. Obwohl ich den Isi als Handpferd hatte, konnte ich das nicht verhindern. In meinem langen Reiterleben habe ich schon einige Stürze erlebt und erwartete jetzt, dass meine Freundin krampf-

Aufsitzhilfe im Gelände.

haft nach Atem ringen würde, wie normalerweise, wenn man hart auf dem Rücken aufkommt. Außerdem wäre die Gefahr einer Wirbelverletzung oder eines Rippenbruchs groß gewesen. Stattdessen stand sie gleich wieder auf, atmete völlig normal und hatte sich außer ein paar blauen Flecken unterhalb der Sicherheitsweste nicht verletzt.

Los geht's

Wie in der Bahn gehe ich auch ins Gelände zum Einstimmen immer zu Fuß los, schaue wie die Laune des Pferdes heute ist und mache oft ein paar vorbereitende Übungen an der Hand zur Konzentration und Lockerheit (siehe Kapitel Bodenarbeit und Handarbeit). Fühlt sich alles passend an, das Pferd ist entspannt und hört gut zu, ist der richtige Zeitpunkt zum Aufsitzen gekommen. Nur wie komme ich jetzt hoch?

Aufsitzhilfe im Gelände?

Mit etwas Phantasie findet sich im Gelände fast überall zumindest ein etwas erhöhter Punkt: Am Hang stellt man das Pferd auf die tiefere Seite, rangiert es an eine Parkbank oder eine Gartenmauer, an einen Baumstumpf im Wald oder, oder, oder. Nun hat sich die gründliche Vorbereitung gelohnt!

Sinnvolle Übungen im Gelände

Für die ersten Schritte unter dem Reiter und später in kritischen Situationen ist es eine gute Idee, sich zunächst mit dem Jungspund an ein sicheres Pferd anzuhängen und in Eisenbahnmanier »abschleppen« zu lassen. Das Pferd soll sich aber auf Sie und Ihre Hilfen konzentrieren, statt sich am Vorderpferd zu orientieren. Daher sollten Sie möglichst bald aufschließen und nebeneinander und schließlich auch streckenweise vorne reiten. Ist Ihr Pferd sehr unsicher, lassen Sie es immer nur eine kurze (langsam gesteigerte) Wegstrecke vorne gehen, dann darf es sich wieder eine Weile hinter dem ruhigen Führpferd entspannen. Im besten Fall kennen sich die beiden gut und das Führpferd schlägt nicht aus, auch wenn man mal zum Bremsen etwas dichter aufreiten muss.

Wie man das bei den ersten Trabreprisen am besten handhabt, hängt vom Jungpferd ab. Ein gelassenes Pferd, das im Schritt schon gut neben dem Begleitpferd geht, kann man gleich in dieser Position antraben lassen. Ein unsicheres oder sehr

Die ersten Ausritte mit einem bekannten, ruhigen Führpferd.

gehfreudiges darf zunächst hinter dem Führpferd bleiben. Damit es trotzdem auf Ihre Hilfen hört, statt hirnlos hinter dem Vorderpferd herzurennen, bleiben Sie etwas zurück und traben als Erster an. Das Vorderpferd muss dafür natürlich ein gelassenes Exemplar sein, das nicht plötzlich durchstartet. Nun sagen Sie dem Vorderreiter Bescheid, dass er auch (in ruhigem Tempo!) antraben kann. Sobald wie möglich schließt man auf und probiert neben dem anderen Pferd und auch vorneweg zu traben.

Achten Sie darauf, beim Leichttraben regelmäßig das Beinpaar zu wechseln um beide diagonalen Beinpaare gleich viel zu belasten und damit zu trainieren. Die meisten Pferde werfen den Reiter immer auf ihre stärkere Diagonale und bauen notfalls sogar einen Zwischenschritt ein, um ihn wieder auf die für sie bequemere Seite zu bringen.

Solange das Jungpferd etwas aufgeregt ist, reiten Sie entweder nur im Schritt oder lassen es eine längere Strecke in ruhigem gleichmäßigen Tempo hinter dem Führpferd traben. Auf Wegen mit Schreckpotenzial am Rand (zum Beispiel Hecken mit raschelnden Vögeln, große Feldsteine, Holzstapel mit Plane) bleibt man im Schritt und stellt

In Stellung am Schrecknis vorbei ...

den Pferdkopf weg vom Schreckgegenstand, damit es nicht unkontrolliert zur Seite wegspringt. Dabei bleibt man bewusst tief im Sattel sitzen, atmet aus, umschließt den Pferdeleib weich mit den Schenkeln und treibt im Schrittrhythmus (abwechselnd linker und rechter Schenkel) weiter. Die Zügel haben Kontakt, die äußere Hand hält man tief und führt sie evtl. breit in Richtung Schreckseite (siehe »die breit geführte Hand« im Kapitel Anreiten), die innere (vom Schrecknis abgewandte) Zügelhand können Sie in Richtung Ihres Magens nach oben führen, falls das Pferd sich nicht gleich stellen lässt. Bleiben Sie gelassen, sachlich und freundlich. Eine gewisse Wurschtigkeit nach dem Motto »Dieser Hänger hat noch nie ein Pferd gefressen« ist gerade bei guckigen Pferden hilfreich.

Sollte man bei gruseligen Dingen stehenbleiben und das Pferd schauen lassen oder nicht? Ich entscheide das im Einzelfall. Zeigt sich auf unbekannten Strecken etwas besonders Fürchterliches oder hat sich auf dem gewohnten Weg etwas Neues eingeschlichen, zum Beispiel beim Holzstapel im Wald arbeitet ein Mann mit der Motorsäge, darf das Pferd stehenbleiben und sich die Sache kurz

In einer harmonischen Gruppe macht Ausreiten doppelt Spaß.

anschauen. Dauert das Schauen länger und das Pferd beruhigt sich nicht, muss man besonders bei blütigen Tieren aufpassen, dass es nicht entscheidet »das ist gefährlich«, auf dem Absatz kehrtmacht und wegrennt. Deshalb lässt man ein ruhiges Pferd vorangehen oder steigt notfalls ab und führt vorbei. Dabei geht der Mensch auf der Seite des Schrecknisses, damit er bei einem eventuellen Seitenhüpfer nicht umgerempelt wird.

Lässt man generell jedes potenzielle Gruselobjekt angucken, bestätigt man, dass Unterwegssein gefährlich ist und das Pferd selbst auf sich aufpassen muss. Auch die eigentlich sinnvolle »Touch«-Übung (siehe Kapitel Bodenarbeit) kann im Übermaß nach hinten losgehen: Unter Umständen kommt man im Gelände nicht vom Fleck, wenn alle paar Meter ein neuer spannender Gegenstand auftaucht, bei dem das Pferd sich durch Anstupsen ein Leckerli verdienen könnte.

Eine Strategie kann zum Beispiel sein: Holzstapel Eins darf noch angeschaut und evtl. berochen und angestupst werden, bei Holzstapel Zwei ist ganz kurzes Zögern und Gucken erlaubt, beim dritten oder vierten können Sie dann auch mal etwas energischer vorbei treiben, statt dem Ganzen jedes Mal wieder Aufmerksamkeit zu schenken. Wichtig dabei: schauen Sie selbst geradeaus auf den geplanten Weg, statt das Gruselobjekt anzusehen oder gar besorgt auf das Pferd herunter zu gucken!

Reiten in der Gruppe

Zur Erinnerung nochmal die wichtigsten Grundregeln für den Ausritt in der Gruppe:

- nicht ungefragt überholen
- nicht zu dicht aufreiten, vor allem nicht bei Pferden, die sich nicht kennen oder bei Pferden mit bekannt loser Hinterhand
- Gangartenwechsel werden rechtzeitig angesagt bzw. durch vorher vereinbarte Handzeichen angezeigt

Damit Ausritte wirklich Spaß machen und die Sicherheit nicht zu kurz kommt, sollte jedes Pferd in der Gruppe sicher und problemlos auf jeder Position zu reiten sein und sich jederzeit von den anderen Pferden trennen lassen. Mit den richtigen Übungen können Sie diese Unabhängigkeit von Beginn an fördern. Die meisten lassen sich schon beim Spazierengehen gemeinsam mit einem oder mehreren anderen Pferden trainieren.

Die folgenden Übungen haben sich bei uns sehr bewährt:

1. Unterwegs lässt man den Abstand zu den anderen Pferden langsam größer werden, so dass die Gruppe etwas auseinandergezogen weiterreitet. Der vorderste Reiter hält und bleibt am Platz stehen, der zweite reitet vorbei und hält 20 Meter weiter vorne, (später mit größerem Abstand), dann der dritte usw., die Überholten müssen stehenbleiben. Ist der ursprünglich letzte Reiter vorne angekommen und steht, reitet der jetzige hintere wieder an der ganzen Gruppe vorbei und das Ganze geht von vorne los. In dem Moment, wo ein anderes Pferd zum Überholen ansetzt, muss man sein Pferd mit Sitz und Schenkeln gut einrahmen und vorbeugend kleine Paraden geben, damit es nicht einfach mitgezogen wird und losläuft. Kennen die Pferde diese Übung, bleiben sie meist irgendwann auch am langen Zügel entspannt stehen, während sie überholt werden. Klappt die Übung im Schritt problemlos, kann sie auch im Trab und später im Galopp geritten werden.

2. Die Gruppe (oder bei einem Zweier-Ausritt das zweite Pferd) bleibt stehen, während der erste

Beliebiger Abstand von den Begleitpferden sollte jederzeit möglich sein.

Reiter von der Gruppe weg reitet. Anfangs im Schritt, später im Trab und Galopp. Zu Beginn noch in Sichtweite der Gruppe dreht er um und reitet im Schritt zurück bis zur Gruppe oder als Steigerung an der Gruppe vorbei in die andere Richtung. Später kann die Gruppe im Schritt weiterreiten, der erste galoppiert weg, bis er außer Sichtweite ist. Ist genug Platz, kann man mit fortgeschrittenen Pferden auch im Trab oder Galopp zur Gruppe zurück- und dann unbedingt an ihr vorbei in die andere Richtung weiterreiten. Lassen Sie es jedoch auf keinen Fall zu, dass Ihr Pferd unkontrolliert zur Gruppe zurückrennt! Solange Sie nicht sicher sind, dass Sie Ihr Pferd (ohne harte Einwirkung) halten können, üben Sie im Schritt weiter. Bei Pferden die zum Zurückrennen neigen, hat es sich bewährt, sie auf dem Rückweg zu beschäftigen: in Stellung reiten, Volten, Schulterherein usw.

Geländeschwierigkeiten überwinden

Nichts gibt so schöne Hinterhandmuskeln wie im fleißigen Schritt bergauf reiten! Junge Pferde und Pferde aus flacheren Gegenden müssen jedoch die Schubkraft aus der Hinterhand erst entwickeln. Von Natur aus »ziehen« sich die allermeisten Pferde mit der Vorhand den Berg hinauf und die Hinterbeine laufen mit kleinen Tritten hinterher. Treibt man sie, traben oder galoppieren sie eher an, als die Schritte zu verlängern. Hier hilft vorsichtiges rhythmisches Treiben und rechtzeitig weich am Zügel einfangen, bis das Pferd nach und nach die Schritte verlängert, statt die Trittfrequenz zu erhöhen. Sind Sie selbst fit genug (oder wollen es werden), ist es pferdefreundlich, abzusteigen und den Berg hochzulaufen. Dabei kann man die Hinterhand durch Antippen mit der Gerte auf der Kruppe aktivieren. Machen Sie besonders bei langen steilen Stücken öfters eine Verschnaufpause, egal ob Sie reiten oder laufen.

Spätestens bergab ist es unbedingt Zeit abzusteigen, denn ein Pferd, das noch nicht gelernt hat sich selbst zu tragen und die Hinterhand unterzusetzen »kugelt den Berg herunter« dem eigenen Gleichgewicht hinterher. Es fällt auf die Vorhand, wird immer schneller im Schritt und trabt schließlich an, stolpert evtl., weil es die Vorderbeine nicht mehr genügend heben kann oder galoppiert sogar buckelnd los.

Lassen Sie das Pferd beim Führen bergab betont langsam im Schritt gehen, geben Sie leichte Arrêts am Zügel und tippen notfalls mit der Gerte gegen die Brust zum Bremsen. Achten Sie unbedingt darauf, dass es den Kopf nicht zu tief nimmt und sich auf den Zügel legt, sonst kommt zu viel Gewicht auf die Vorhand und die Hinterbeine können nicht mehr genügend untertreten. Klappt es an der

Lavena kugelt ihrem Gleichgewicht hinterher.

Hand, können Sie bei kürzeren, weniger steilen Abstiegen oben bleiben. Auch hier wieder ganz langsam reiten mit Zügelkontakt und »atmenden« Schenkeln.

Steile Böschungen klettern

Damit das Pferd nicht seitlich wegrutscht, reiten Sie immer im 90-Grad-Winkel zum Hang! Die meisten Pferde überwinden kurze Steilhänge aufwärts am liebsten im Galopp. Bei größeren Hängen lassen Sie das Pferd im Schritt hinaufgehen. Halten Sie sich mit den Händen an der Mähne fest, damit Sie nicht hinter die Bewegung kommen.

Galopp

Bei manchen Pferden ist es sinnvoll, den ersten Galopp unter dem Reiter im Gelände zu absolvieren und nicht in der Bahn (siehe Kapitel »Aufsitzen und Anreiten«). Bei eher ruhigen Pferdetypen, die nicht auf gutes Galoppieren gezüchtet wurden, zum Beispiel viele Nordponys oder Kaltblüter, ist Galopp geradeaus im Gelände hinter einem Führpferd schon viel früher angebracht als in der Reitbahn. Es gibt keine Ecken, die es aus dem Gleichgewicht bringen können und das Führpferd »zieht« es vorwärts. Es kann in Ruhe seinen Takt und die Balance mit Reiter finden.

Versucht man gleichzeitig mit dem Führpferd anzugaloppieren oder das Führpferd schießt los beim Angaloppieren, bringt das manchmal zu viel Spannung ins Jungpferd, die durch Buckeln abgebaut wird. Folgende Methode hat sich für die ersten Galoppsprünge im Gelände bewährt: Das Jungpferd trabt hinter dem Führpferd mit etwas mehr Abstand. Nun wird das Vorderpferd etwas schneller im Trab und man lässt das Jungpferd mit einer leichten Schenkelhilfe und Stimmkommando behutsam in den Galopp »hineinrollen«. Anfangs nur ein paar Sprünge galoppieren, bis man zum Vorderpferd aufgeschlossen hat.

So sieht das schon besser aus: langsam und konzentriert Schritt für Schritt bergab.

Querwaldein (mit Erlaubnis der Grundstücksbesitzers!) schult die Trittsicherheit.

Später gibt man dem Vorderreiter durch Zuruf Bescheid, dass er (ruhig) angaloppieren kann. Durch flüssiges Vorwärtsreiten über eine längere Strecke findet das Jungpferd seinen Takt und die Galoppsprünge werden besser durchgesprungen. Lässt sich das Tempo regulieren, kann man auch aufschließen und nebeneinander hergaloppieren. Bei sehr gehfreudigen Pferden galoppiert man dann möglichst nicht in »Richtung Heimat« und sucht sich einen optisch eingefassten Weg, gerne auch leicht ansteigend. Ideal ist zum Beispiel ein Waldweg, auf dem die beiden Pferde genug Platz nebeneinander haben und ruhig Seite an Seite galoppieren können.

Ziemlich sicher hat das Jungpferd bisher fast immer seinen Lieblingsgalopp gewählt. Nun probiert man, es gezielt auf beiden Händen anspringen zu lassen. Praktisch ist es, eine leichte Kurve des Weges zum Angaloppieren zu nutzen. Auf der bevorzugten Seite reicht meist eine leichte Innenstellung und die Galopphilfe. Möchte man das Pferd auf der ungeliebten steifen Seite angaloppieren, reitet man die Kurve weit aus in Außenstellung, sitzt aber nach innen, schiebt die innere Hüfte vor und gibt die Galopphilfe mit dem inneren Schenkel (siehe auch »Angaloppieren« im Kapitel Anreiten).

Pausen

Tatsächlich muss auch richtig Pause-Machen unterwegs »gelernt« werden. Besonders wenn es keine Möglichkeit zum Grasen-Lassen gibt und die Pferde festgehalten werden müssen, sieht man auf Veranstaltungen eine ganze Menge Reiter, die von ihrem zappeligen Pferd in der Gegend herumgezogen werden, vergeblich versuchen sich des hartnäckigen Kopfreibens zu erwehren und nach der Pause genervt und unerholt weiterreiten. Auch hier gilt: Übung macht den Meister!

Gewöhnen Sie Ihr Pferd also besser gleich zu Anfang an Pausen unterwegs. Die meisten Pferde merken bald, dass es sinnvoll ist, mit ihrer Energie

Gut vorbereitet und in kontrolliertem Tempo ist Galopp im Gelände ein Vergnügen.

oben: Pause auf dem Wanderritt.

Mitte: Der perfekte Sandstrand mit flachem Einstieg und klarem Wasser.
unten: Planschen ist ansteckend

hauszuhalten. Denn wer weiß, wie lange die Strecke heute noch ist! Ein gutes Wanderreitpferd fällt beim Stehen und Anbinden quasi unmittelbar in Tiefschlaf, wenn es kein Futter gibt. Das hat bisher bei uns nach genügend Übung auch mit den hampeligsten, temperamentvollsten Pferden funktioniert.

Halten Sie vor dem Haus eines Bekannten und plaudern Sie eine Weile mit dem Pferd an der Hand. Korrigieren Sie jeden ungewollten Schritt konsequent emotionslos zurück, unterbinden Sie Kopfreiben und belohnen Sie ruhiges Stehen engmaschig. Reiten Sie zur nächsten Waldschenke, trinken ein Bier oder essen ein Eis und binden Ihr Pferd solange unter Aufsicht an einem sicheren Platz an. Herumzappeln ignorieren Sie, solange sich das Pferd nicht gefährdet.

Wassergewöhnung

Von der Pfütze bis zum Schwimmen im See. Für Pferde, die Wasser nicht kennen, ist oft die kleinste Pfütze schon ein Angstobjekt, um das man am besten einen großen Bogen macht. Ihr Instinkt warnt sie besonders vor trüben Gewässern, bei denen man den Grund nicht sieht und vor weichen moorigen Uferböden, in die ihre Hufe einsinken.

An sicheren Stellen macht es riesigen Spaß, durch einen Bach oder See zu reiten oder sogar mit dem Pferd schwimmen zu gehen. Haben sie einmal ihre

Mit guter Vorbereitung ist auch die Flussdurchquerung beim Ausritt kein Problem mehr …

Angst verloren, lieben die meisten Pferde baden und plantschen, besonders bei warmem Wetter. Ideal dafür ist ein flach abfallendes Ufer mit festem, griffigem Untergrund wie kleinen Kieselsteinen oder festem Sand sowie klares Wasser, bei dem man den Grund sieht. Übt man an einem heißen Tag und ist schon ein Stück zum Wasser geritten, hilft manchmal der Durst, dass das Pferd zum Saufen wenigstens einen Huf ins Wasser stellt.

Ein wasserliebendes Pferd, das vorausgeht und fröhlich planscht kann den Skeptiker manchmal überzeugen ihm zu folgen. Ansonsten ziehen Sie am besten Gummistiefel oder gleich Badesachen an und steigen als gutes Beispiel selbst ins Wasser.

Schreckhafte Pferde

Heute kommt der Wind in heftigen Böen, lässt die Äste der großen Buchen knarren und rüttelt an den Stallfenstern. Hat es sich stark abkühlt und das Pferd steht seit Stunden klatschnass im Regen (obwohl es ja gemütlich im Unterstand sein könnte) sind die Rückenmuskeln verspannt und die Nerven liegen blank. Das alles ist Spukwetter für die meisten Pferde.

Bin ich mit einem unerfahrenen Pferd einen Weg noch nicht oft geritten oder schon ein halbes Jahr nicht mehr dort gewesen, ist die Anspannung von vornherein größer. Kommen noch vermeintlich gefährliche Dinge wie freilaufende Hühner, die im Gebüsch herumrascheln, oder auf der Weide he-

oben: Badespaß.
Mitte: So ein flacher Einstieg mit festem Boden ist ideal.
unten: Schwimmen mit dem Pferd.

rumspackende Jungrinder dazu, kann das den letzten Rest der Nervenkraft aufbrauchen.

Damit ich mich nicht schneller im Dreck wiederfinde als ich gucken kann, versuche ich, an solche Situationen vorausschauend und defensiv heranzugehen. Herunterfallen ist nicht nur für uns ängstigend, schmerzhaft und gefährlich. Auch das Pferd bekommt einen Schreck und verliert sein Vertrauen in den Menschen und in sich selbst. Besonders bei heftigen Stürzen mit Verletzungsfolgen dauert es oft sehr lange, bis Mensch und Pferd dieses Trauma und ihre Angst überwunden haben. Oft brauchen sie sogar Hilfe von außen dazu.

Lernen Sie die Zeichen von Anspannung zu lesen. Zuckt das Pferd schon bei harmlosen Dingen wie dem Geräusch eines Klettverschlusses zusammen, macht man besser zunächst ein paar ruhige Übun-

gen an der Hand und sitzt erst auf, wenn sich das Pferd beruhigt hat. Im Zweifelsfall steige ich lieber ab und beende den Ausritt zu Fuß – sicher und mit einem guten Gefühl. Oder ich reite erst gar nicht los. Oder nur eine kurze altbekannte Runde (siehe auch »Alleine ausreiten« weiter unten), um nicht zu viele negative Ereignisse anzuhäufen.

Was tun, wenn ein wirklich großes gruseliges Fahrzeug wie Traktor mit Ackergerät, Lkw, Mähdrescher von vorne oder von hinten kommt?
Ist das Fahrzeug schnell unterwegs, es gibt keine Ausweichmöglichkeit am Rand und der Fahrer macht keine Anstalten, wegen eines Pferdes Rücksicht nehmen zu wollen, reite oder führe ich frech mitten auf der Fahrbahn und strecke die Hand mit der Gerte zur Seite aus, bis das Fahrzeug langsamer wird. Dann bedanke ich mich natürlich freundlich fürs Bremsen!
Ist genug Platz am Straßenrand, halte ich so viel Abstand wie möglich und stelle das Pferd so hin, dass das Fahrzeug nicht frontal aufs Pferd zufährt und auch nicht direkt von hinten kommt. Am besten schräg seitlich von vorne. In dem Moment wo das Fahrzeug vorbeifährt und das Pferd steht noch, gibt es Click/Lob + Leckerli. So wird das Monster gleich positiv besetzt.

Zivilisation

Stadtrandbewohner haben dieses Problem nicht: Sobald sie den Hof verlassen, sieht und erlebt ihr Pferd automatisch eine Menge Dinge, die zu unserer Zivilisation gehören. Straßen, Lkws, Busse, hupende Autofahrer, an Ampeln warten, Autobahnbrücke überqueren usw.

Wohnt das Pferd so idyllisch und ländlich, dass man direkt ins Ausreitgelände mit Feld, Wald und Wiesen kommt, ist es ratsam, trotzdem regelmäßig durchs nächste Dorf zu führen oder zu reiten. Spätestens beim nächsten längeren Ausritt oder Wanderritt lassen sich Ortschaften nicht immer

Eine Warnweste verbessert die Sichtbarkeit im Straßenverkehr.

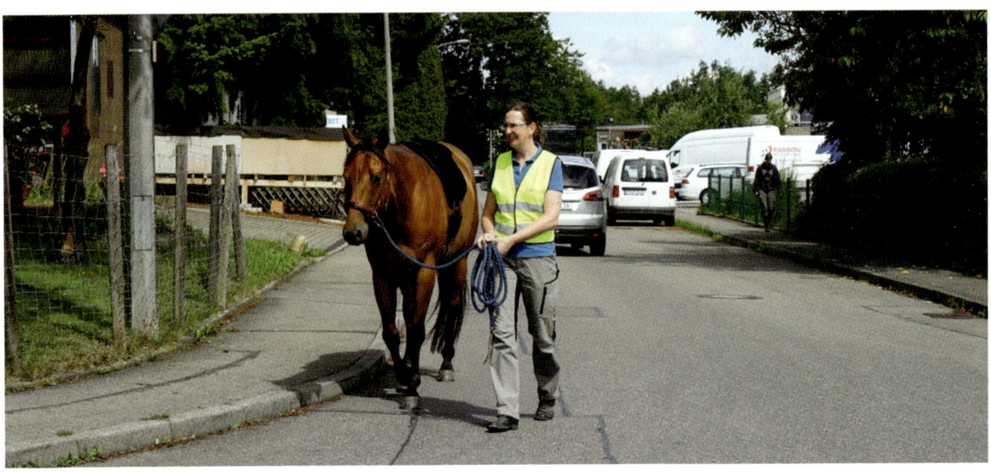

umgehen und das Pferd kommt aus dem Gruseln und Glotzen nicht mehr heraus, hüpft vielleicht sogar ständig zur Seite oder startet durch, wenn etwas von hinten kommt.

Überhaupt die Glotzerei – manche Pferde werden draußen dauernd zur Statue. Eine Katze schleicht durch den nächsten Acker, ein Auto fährt in zwei Kilometern Entfernung und dahinten laufen Hundespaziergänger. Zack, da steht es nun alle paar Meter mit hoch erhobenem Kopf und angespanntem Hals und lässt sich durch nichts zum Weiterlaufen bewegen, bis es genug gesehen hat. »Festglotzen« nenne ich das – und ja, es nervt! Trotzdem hilft nur, Geduld zu bewahren und häufig und wirklich regelmäßig rauszugehen. Mit zunehmender Gewöhnung und Gelassenheit wird das Glotzen seltener und die Zeit bis zum Weiterlaufen-Können kürzer. Die Strategie für das Alleine-Ausreiten hat sich auch hier bewährt:

Alleine ausreiten

Möchten oder müssen Sie es schnell schaffen alleine auszureiten, hilft intensive Gewöhnung. Reiten Sie möglichst jeden Tag dieselbe kleine Runde (20 bis 30 Minuten), auf der es nicht allzu viele gruselige Sachen am Wegesrand gibt. Lassen Sie dem Pferd während der ersten Tage viel Zeit, die ungewohnten Dinge anzuschauen und die Strecke kennenzulernen. Notfalls steigen Sie ab und führen ein Stück. Ist das alles am ersten Tag noch aufregend, beginnt nach einigen Tagen der Gewöhnungseffekt. Ignorieren Sie leichte Schreckanzeichen und reiten Sie souverän und energisch

Auch auf dem Land kann man »gefährliche Dinge« im Gelände treffen.

am Gruselobjekt vorbei. Bleiben Sie ruhig und sachlich und bestärken Sie das Pferd auf keinen Fall in seiner Angst durch »gutes Zureden« oder Mitleid. Geht es mutig vorwärts, bestätigen Sie öfter durch Lob und Leckerli.

Zwischendrin können Sie im Schritt immer wieder kleine Aufgaben abfragen, wie Halten, ein paar Schritte rückwärts oder seitwärts oder eine Volte auf einer Wegkreuzung, damit das Pferd beschäftigt ist und sich auf Sie konzentriert. Ist das Pferd »bei Ihnen«, können Sie beginnen, kurze Strecken zu traben. Dann wieder durchparieren, anhalten und Übungen abfragen. Bleiben Sie geduldig und gelassen und fordern Sie freundlich aber konsequent eine Reaktion auf Ihre Hilfen.

Es kann wirklich anstrengend sein, ruhig und freundlich-konsequent zu bleiben, wenn das Pferd bei jedem Anhalten herumhampelt. Aber durchhalten lohnt sich! Danach überraschen Sie Ihr Pferd: Stellen Sie es schon im Stand und reiten Sie im Bogen an oder im Schulterherein, lassen Sie es eine bestimmte Anzahl Tritte rückwärtsgehen oder nur wenige Schritte vorwärts und dann wieder halten. So bleibt es aufmerksam und wird nach und nach durchlässiger.

Ist die Runde zur Routine geworden, können Sie sie nach und nach verlängern, indem Sie noch eine Schleife dranhängen. Diese Methode hat noch einen weiteren Vorteil: An aufregenden Tagen haben Sie eine »Nummer-Sicher-Runde«, wo das Pferd trotz einer gewissen Grundspannung ziemlich wahrscheinlich noch handelbar bleibt.

Hektische Pferde

Hektischer Schritt ohne Takt mit weggedrücktem Rücken, häufiges Anzackeln, Kopfschlagen, Losschießen im Renntrab und jede Möglichkeit nutzen, um in den Galopp zu fallen. Nur wenige Pferde haben tatsächlich von Natur aus so einen extremen Gehwillen, dass es ihnen niemals schnell genug gehen kann!

Ist Aufregung der Grund, erledigt sich das Problem mit zunehmender Routine von selbst. Die Konzentrationsübungen wie bei »Alleine ausreiten« sind auch hier hilfreich. Keine Sorge, eines Tages wird es klappen. Spätestens nach dem ersten mehrtägigen Wanderritt ist auch das zappeligste Pferd garantiert tiefenentspannt unterwegs!

Die zweite Methode »Kontrolliertes-Dampfablassen« ist besonders erprobt bei Nordponys. Blütige Pferde sind danach allerdings manchmal erst »warmgelaufen« und würden am liebsten auf dem nächsten Distanzritt starten. Man trabt einfach eine längere Strecke gleichmäßig durch. Ich versuche dabei, ein ruhiges, aber flüssiges Trabtempo zu halten. Dabei trabe ich leicht und gebe den Takt mit meinem Sitz vor.

Weitere Gründe könnten ein Bewegungsstau durch zu wenig freie Bewegung sein oder vom Tempo nicht passende Mitreiter, die selbst hektisch unterwegs sind oder einfach ein zu schnelles Schritttempo vorgeben, bei dem das Jungpferd (noch) nicht mitkommt.

Hat das Pferd eine Reit-Vorgeschichte, kann es sich um ein sogenanntes »Angsttemperament« handeln. Besonders bei Isländern habe ich das leider schon öfter erlebt. Sie wurden bei ihrer Ausbildung dauernd über ihrem Wohlfühltempo geritten und sobald sie langsamer werden wollten, gab es richtig Zunder. Dem gestressten Tier hilft ein striktes Entschleunigungs- und Wellnessprogramm. Ruhige Spaziergänge mit vielen Graspausen, Schrittausritte am langen Zügel, viel Lob und Leckerli für Entspannungszeichen und generell alles, was das Vertrauen in den Reiter verbessert.

Verfressene Pferde

Hohes Gras, das bei kleineren Pferden geradezu »ins Maul wächst« und in den Weg hängende Äste mit leckeren hellgrünen Frühlingsblättern – auch beim Reiten lauert die Versuchung. Hier heißt es, vorausschauend und konsequent zu sein, wie weiter vorne in diesem Kapitel unter »Spazieren gehen« und »Graspausen unterwegs« beschrieben. Starten Sie möglichst nie mit einem hungrigen Pferd, sondern lassen es vorher eine Viertelstunde grasen. Gegen plötzliches Kopf-ins-Gras-Herunterreißen hilft eine Zügelbrücke ähnlich wie sie beim Westernreiten beim beidhändigen Reiten verwendet wird.

Die Zügelbrücke verhindert, dass Ihnen das Pferd die Zügel aus der Hand reißt.

Nützliches rund ums Training

Hier finden Sie nützliches Wissen für die Ausbildung und den Umgang mit dem Partner Pferd. Alles was sich nicht direkt in ein anderes Kapitel einordnen lässt, aber trotzdem wichtig ist.

Kleine Einführung in die Lernpsychologie

Das Lernzonenmodell (Luckner/Nadler 1997) stammt aus der Lernpsychologie für Menschen und wird häufig in der Erlebnispädagogik verwendet. Seine Aussagen lassen sich gut auf Pferde übertragen und verdeutlichen die Grundvoraussetzungen, die ein Individuum braucht, um überhaupt lernen zu können.

Das Lernzonenmodell unterscheidet drei Bereiche:

- Komfortzone
- Lernzone
- Panikzone

Die **Komfortzone** umfasst den Bereich, in dem wir uns auskennen und sicher fühlen, aber keine großen Fortschritte machen, weil alles altbekannt und vorhersehbar ist. Alles ist bequem und ein bisschen langweilig. Hier sind alle Anforderungen klar und wir können die Aufgaben routiniert lösen. Je weniger ein Pferd bisher erlebt und gelernt hat, umso kleiner ist logischerweise die Komfortzone.

In der **Lernzone** betreten wir Neuland, wo uns auch Unerwartetes begegnet. Es kann Überwindung kosten und mit Anspannung verbunden sein, diese neuen Wege zu gehen, aber die Anforderungen überfordern uns nicht. Etwas Verunsicherung ist der Beginn jeglichen Lernens. Der Lernende muss sich dabei jedoch wenigstens zu einem Teil »sicher fühlen« (subjektive Sicherheit). Erfährt das Pferd, dass es die gestellten Anforderungen in der Regel bewältigen kann, schafft das Selbstvertrauen. Und Selbstvertrauen ist eine Voraussetzung um zu lernen! Unsere nicht immer leichte Aufgabe bei der Pferdeausbildung ist also, das Pferd durch kleinschrittig aufgebaute Übungen aus der Komfortzone in die Lernzone zu holen, ohne dass es in die Panikzone abdriftet.

Wenn wir das schaffen, erweitert sich die Lernzone und die Grenze zur Panikzone rückt immer weiter weg, sodass aus dem schmalen Grat bald ein breiter Weg wird.

In der **Panikzone** ist kein Lernen möglich, da wir unbekannten (Extrem-)Situationen ausgesetzt sind, die uns völlig überfordern. Die Grenze zur Panikzone ist individuell von jeder Persönlichkeit abhängig. Jeder kennt wohl dieses Gefühl der totalen Panik, in der man die Lernchancen in einer Situation nicht mehr aufgreifen kann. Wir sind negativ gestresst, die Unfallgefahr steigt objektiv an.

Kommunikation und Lernen

Der Psychologe Paul Watzlawick erklärt die Grundsätze für den Umgang von Lebewesen untereinander. Unter anderem heißt es darin, dass ein Lebewesen nicht *nicht* kommunizieren kann, sich nicht *nicht* verhalten und nicht *nicht* lernen kann.

Immer wenn ich mit meinem Pferd zusammen bin, verhalte ich mich auf irgendeine Art und kommuniziere dadurch. Verhalte ich mich freundlich, ruhig und fair, kommuniziere ich etwas anderes als wenn ich mich laut, grob und unberechenbar benehme. Das Pferd lernt, mich und mein Verhalten einzuschätzen und für sich passend zu reagieren. Das Schwierige daran ist, dass wir manche Verhaltensweisen völlig unbewusst zeigen, dem Pferd dadurch unabsichtlich unsere Emotionen oder Erwartungen kommunizieren und es etwas daraus ungewollt etwas »Falsches« (= für uns Unerwünschtes lernt.

Selbst erfüllende Prophezeiungen

In der Psychologie ist die sich selbst erfüllende Prophezeiung inzwischen eine Instanz, denn sie betrifft jeden. Das klassische wissenschaftliche Experiment dazu führte der amerikanische Psychologe Robert Rosenthal mit seiner Kollegin Leonore Jacobson 1965 durch. Er täuschte Lehrern an Grundschulen vor, bei 20 Prozent der Schüler nach einem IQ-Test enormes Entwicklungspotenzial festgestellt zu haben. Tatsächlich zog er die Namen dieser Kinder aber völlig willkürlich. Ein Jahr später führte er erneut eine Messung des Intelligenzquotienten durch.

Das Ergebnis: Fast die Hälfte der zuvor zufällig nominierten Kinder steigerten ihren IQ um 20 Punkte; ein Fünftel gar um 30 Punkte oder noch mehr. Ein beeindruckender Unterschied – vor allem, weil es besonders die vorher schlechteren Schüler waren, die sich so drastisch verbesserten.

Die Lehrer behandelten sie aufgrund ihrer Annahme schlichtweg anders: »Sie bemühten sich mehr um sie, waren geduldiger und gaben mehr positives Feedback. Weitere Studien bestätigten den ersten Fund: Erwartungen an andere oder sich selbst bewahrheiten sich mit der Zeit, weil sich das Verhalten unwillkürlich nach ihnen ausrichtet.« (Quelle: Die Welt)

Diese Erfahrungen lassen sich auch auf Pferde übertragen. Wer kennt nicht diese Reiter(innen), die beim Erzählen kein gutes Haar an ihrem Pferd lassen? Der »blöde Bock«, »der spinnt immer an der Stelle« etc. Beobachten Sie solche Reiter beim Umgang mit ihrem Pferd. Nur selten werden Sie da Harmonie, Glück und Zufriedenheit bemerken!

Achten Sie darauf, was sie »automatisch« tun und sagen. Ein Beispiel: Jungpferd »Bobby« ist motiviert, freundlich und anhänglich, lässt sich aber von neuen Dingen schnell aus dem Konzept bringen. Er zuckt oft zusammen, bekommt große Augen und kann dann das Gruselobjekt zunächst nur aus größerem Abstand ertragen. Seiner Besitzerin geht langsam die Geduld aus, übt sie doch seit einer gefühlten Ewigkeit mit Schreckhindernissen aller Art. Sie verdreht die Augen, sagt mehrmals »Feigling« in genervtem Tonfall und wedelt mit dem Gruselobjekt in Bobbys Richtung, sodass er erschrocken weiter zurückweicht. Bobbys Sorgen und Bedenken werden nicht ernst genommen und er soll trotz Angst »funktionieren«. Ziemlich sicher hat seine Besitzerin als Kind selbst ähnliches erlebt und überträgt nun dieses Verhalten unreflektiert auf den Umgang mit ihrem Pferd.

Wie anders wirkt es auf Bobby, wenn seine Besitzerin ihm in Ruhe das Gruselobjekt zeigt, gelassen stehenbleibt, wenn er zurückzuckt und abwartet, bis er von selbst einen Schritt auf das Monster zugeht. Dann bekommt er sofort ein ehrlich gemeintes ruhiges, freundliches Stimmlob: »schön, mutiger Bobby« und für jeden Schritt vorwärts (Click und) ein Leckerli. Diese Anerkennung und Freude für die Mühe, die er sich ganz offensichtlich gibt, stärken sein Selbstvertrauen und er lernt, dass es sich die Anstrengung lohnt und er zu nichts aufgefordert wird, was er noch nicht schaffen kann.

Nomen est omen

Einen ähnlichen Ansatz hat auch die wunderbare Linda Tellington-Jones: Sie gibt »schwierigen« Pferden positive Namen. Als Extrembeispiel könnte ein etwas ungestümes Tier nun »Happy« statt bisher »Devil« heißen. Diesen Grundsatz befolgte ich als ich einen Namen für mein Nachwuchspferd suchte. »Lavena« bedeutet »Freude« auf keltisch.

Die Intelligenz der Pferde

Je intelligenter ein Pferd ist, umso schneller lernt und speichert es Neues. Besonders in der Kombination mit guten Nerven, verstehen solche Pferde auch komplexere Aufgaben schnell und brauchen nur wenige Wiederholungen bis zum Verankern im Langzeitgedächtnis. Das macht unser Training einerseits leicht und angenehm. Die Kehrseite der Medaille ist, dass ein schlaues Pferd auch unerwünschte Dinge schnell kapiert und in sein Repertoire aufnimmt. Das ist der Effekt des »hochbegabten« Schülers, der in der Schule chronisch unterfordert ist und aus Langeweile zum Störer und Klassenclown wird.

So ein »Cleverle« benötigt also deutlich mehr geistige Auslastung, sonst langweilt es sich und kommt bald auf mehr oder weniger »lustige« eigene Ideen. Als Ausbilder wird man ganz schön gefordert, aufmerksam, kreativ und auf keinen Fall dümmer als das Pferd zu sein.

Nicht ganz so schlaue Pferde brauchen deutlich mehr Wiederholungen und fühlen sich in immer gleichen Abläufen sicher. Sie vergessen das Gelernte schneller wieder, wenn es eine Weile nicht abgefragt wurde und müssen es oft nochmal von Grund auf neu lernen. Für ein mittelmäßig intelligentes Jungpferd dürfen also die Abstände zwischen den Trainingseinheiten nicht zu lang sein. Kommt dann noch Unsicherheit dazu, hat bei solchen Pferden tägliches Üben mit Wiederholungen des Bekannten und Einführung von Neuem in ganz kleinen Schritten den besten Effekt.

Um die passende Trainingsplanung festzulegen, lohnt es sich, das Lernverhalten des Pferde-Azubis kritisch unter die Lupe zu nehmen. Es mag ein bisschen hart sein, wenn man feststellt, dass der hoffnungsvolle Nachwuchs kein geistiger Überflieger ist. Trösten Sie sich: Gerade diese »Durchschnittstypen« werden mit dem richtigen Training oft zu besonders verlässlichen Reitpferden.

Die ideale Wiederholungsrate

In der Tradition der Spanischen Hofreitschule wurden drei Wiederholungen einer Übung als eine »Reprise« definiert. Das ist auch heute noch ein nützliches Maß, an dem man sich orientieren kann. Klappt eine Übung beim ersten Mal gut, kann das Zufall sein. Gelingt sie auch beim zweiten und dritten Mal, hat das Pferd ziemlich sicher verstanden. Weitere Wiederholungen würden es langweilen und es verschlechtert sich wieder. Nach der ersten Reprise wechselt man die Hand und wiederholt die Übung auf der anderen Hand.

Probiert man eine Übung dreimal ohne Erfolg und ohne, dass sich eine Verbesserung zeigt, ist man ziemlich sicher auf dem falschen Weg. Übt man jetzt noch weiter, ohne etwas zu verändern, würde sich ziemlich sicher auch nach weiteren X Wiederholungen kein Fortschritt zeigen. Ganz im Gegenteil – das Pferd lernt etwas Falsches!

Stattdessen sollte man die Strategie ändern: zum Beispiel die Aufgabe in kleinere Teilschritte zerlegen, klarer in der Hilfengebung werden oder sich Unterstützung durch einen Trainer suchen.

Extrovertiertes oder introvertiertes Pferd?

Je nach Persönlichkeitstyp reagieren Pferde unterschiedlich auf Stress-Situationen. »Freeze, fight or flight« (erstarren, kämpfen oder fliehen) beschreibt die körperliche und seelische Anpassung von Lebewesen in Gefahrensituationen als Stressreaktion.

Ändern statt Wiederholen

Wenn etwas nicht zum gewünschten Ergebnis führt, ändern Sie es, statt das Unerwünschte zu wiederholen und dadurch zu trainieren.

Extrovertierte Pferde sind munter, kontaktfreudig und spielen gerne. Sie zeigen ihre Emotionen deutlich und ausdrucksvoll und sind daher für uns Menschen leicht zu lesen. In Stresssituationen neigen extrovertierte Pferde eher zum Wegrennen oder dazu, sich mit Hufen und Zähnen zu wehren als zum Erstarren (flight or fight). Meistens haben sie Spaß an Abwechslung und mögen es, von ihrem Menschen »bespaßt« zu werden. Als Ausbilder muss man allerdings aufpassen, dass der Elan nicht in zappeligen Übereifer umschlägt. Extrovertierte Pferde können sich oft nicht lange konzentrieren und lassen sich von äußeren Faktoren schnell ablenken. Sie brauchen im Training eine klare, konsequente Linie und immer wieder ruhige Phasen und Übungen, die ihre Geduld und Frustrationstoleranz verbessern.

Da steht er nun in der Reitbahn, der kleine Isländer, und will einfach nicht vorwärtslaufen. Scheinbar ruhig, ja teilnahmslos lässt er mit hängendem Kopf alles über sich ergehen. Wer genauer hinschaut, erkennt ein typisches introvertiertes Pony in der Panikzone: Über seinen dreieckig verkniffenen Augen erscheinen Sorgenfalten. Selbst ein eingeknicktes Hinterbein muss nicht heißen, dass es entspannt ist! Introvertierte Pferde ziehen sich in sich selbst zurück und sehen auf den ersten Blick entspannt bis abwesend aus. In Stresssituationen neigen sie eher zum »Einfrieren«/ Erstarren als zur Flucht (freeze). In der Herde stehen sie oft am Rand mit etwas Abstand zu den anderen. Sie fühlen sich schnell reizüberflutet und brauchen ein verlässliches, konstantes Umfeld. Sie mögen viele Pausen und sparen gerne Energie. Dadurch, dass sie ihre Gefühle kaum zeigen und man daran gewöhnt ist, dass sie ruhig und scheinbar unbeteiligt herumstehen, besteht immer die Gefahr, dass man eine Krankheit (Kolik!) oder ein Unwohlsein beim Training übersieht. Diese Pferde brauchen viel Geduld und Verständnis, Ermunterung und Lob für jede Eigeninitiative bis sie sich wirklich auf einen Menschen und ihre Aufgaben einlassen.

Pubertät – wenn die Gehirnschubladen klemmen

Auch Pferde kommen in die Pubertät. Wie beim Menschen mutieren die süßen Kleinen durch die hormonelle Umstellung zu manchmal unausstehlichen pubertären Wesen, die sich in ihren plötzlich schlaksig in die Höhe geschossenen Körpern fremd fühlen und dank neuer Verschaltungen im Gehirn den Aufstand gegen eigentlich längst verstandene Regeln proben.

Wachstum

Pferde wachsen etwa bis zum Alter von sechs bis sieben Jahren. In dieser Zeit verändert sich ihr Körper ununterbrochen: Die Beine werden länger, sie sind mal vorne, mal hinten höher (überbaut), bis sich die Wachstumsfugen schließen; ihre Schultern und Hüften werden breiter, die Milchzähne fallen aus und neue bleibende Zähne brechen durch, der

Rücken wird länger bis schließlich die Wirbelkörper miteinander verwachsen. Muskeln, Sehnen und Bänder müssen sich ständig an die neuen Bedingungen anpassen.
Logischerweise läuft das nicht immer reibungslos ab. Selbst wenn ein Jungpferd schon recht gut sein Gleichgewicht an der Longe und/oder unter dem Reiter gefunden hatte, kann es durch das Wachstum auf einmal wieder Probleme damit bekommen. Vielleicht versucht es, auf dem Zirkel auf einer Hand dauernd umzudrehen, um auf seine Lieblingshand zu kommen. Es kippt in Wendungen auf die innere oder äußere Schulter oder fällt stark auf die Vorhand, weil es plötzlich mehrere Zentimeter überbaut ist. Manche Jungpferde bekommen einen Knoten in die Beine und springen zum Beispiel dauernd im Kreuzgalopp oder Außengalopp an.
Der Zahnwechsel findet im Alter von zweieinhalb bis fünf Jahren statt. In dieser Zeit kann das Training mit Gebiss für ein Jungpferd sehr unangenehm werden. Anzeichen dafür können sein: Es wehrt sich gegen die Anlehnung, sperrt oder verwirft sich im Genick. Während des Zahnwechsels ist eine halbjährliche Kontrolle durch einen Pferdezahnarzt anzuraten. Manchmal entwickeln sich durch den veränderten Biss scharfe Kanten und Haken. Manchmal bleiben Milchzahnkappen an den bleibenden Zähnen und im Zahnfleisch hängen, was zu schmerzhaften Zahnfleischentzündungen und schiefen Zähnen führen kann.

Bevor das Pferd ans Gebiss gewöhnt wird, sollte es vom Pferdezahnarzt auch auf Wolfszähne kontrolliert werden. Nicht alle Pferde haben welche; vorhandene Wolfszähne können jedoch sehr unangenehm werden, da sie vor dem ersten Backenzahn sitzen, also genau dort, wo auch das Gebiss liegt. Sie können auch verdeckt unter dem Zahnfleisch liegen und müssen meist entfernt werden.

Der Zahnwechsel ist einer der Gründe, warum ich die Basisausbildung an der Hand und das Anreiten immer ohne Gebiss durchführe.

Erwachsen-Werden kann also richtig anstrengend sein! Im Falle unseres Jungpferdes kommt dazu auch noch der Mensch und verlangt Kooperation, Konzentration und körperliche Leistung bei der Grundausbildung. Eltern und Lehrer können ein Lied von den Befindlichkeiten und Stimmungsschwankungen eines Teenagers von frech und aufmüpfig bis weinerlich und liebebedürftig singen. Tatsächlich testen auch Jungpferde gelegentlich, ob die bekannten Regeln noch gelten. Oft lässt sich nicht feststellen, ob hinter dem »Null-Bock«-Anfall körperliche Probleme stecken. Erinnern Sie sich an Ihre Schulzeit mit etwa 12 bis 16 Jahren, Ihre Meinung zu den Erziehungsberechtigten und zu manchen ungeliebten Fächern in der Schule!

Bleiben Sie daher freundlich und verständnisvoll, stellen Sie die Problemfelder eine Zeitlang zurück und arbeiten stattdessen in Ruhe an der Basis-Gymnastizierung weiter. Bei Balanceproblemen in höheren Gangarten rate ich zu vermehrter Handarbeit im Schritt und Trab, damit das Pferd ohne Reitergewicht seinen »neuen« Körper wieder besser zu beherrschen lernt. Probieren Sie die schwierigen Übungen von Zeit zu Zeit wieder. Hat sich nach zwei bis drei Monaten nichts verbessert, lassen Sie das Pferd vorsichtshalber osteopathisch untersuchen und falls nötig behandeln.

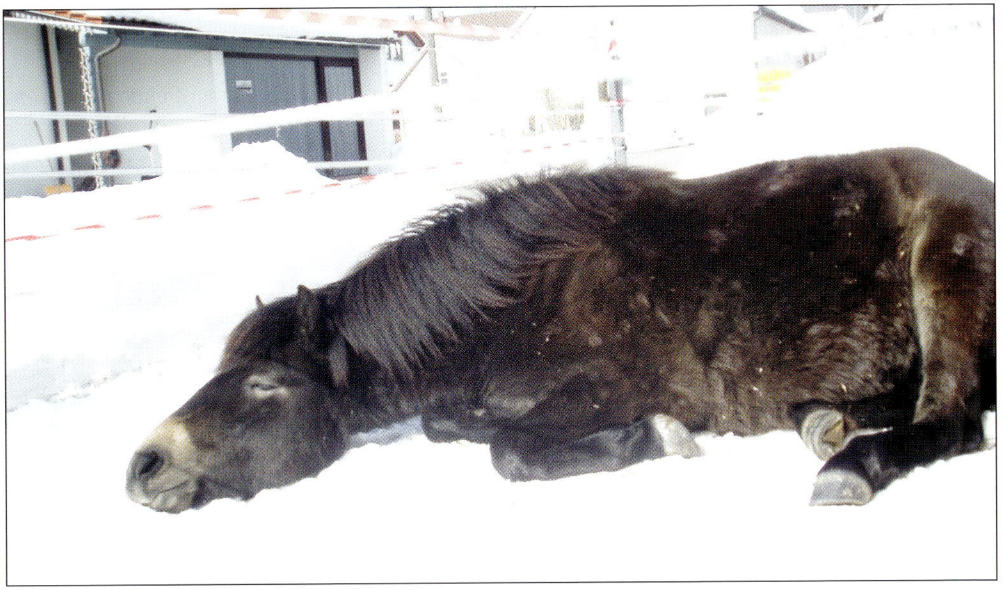

Erwachsen werden kann richtig anstrengend sein.

Gibt es immer wieder massive Probleme mit Widersetzlichkeiten und kritische Situationen häufen sich, ist sehr wahrscheinlich etwas im Umgang oder in der Ausbildung schiefgelaufen, und das Jungpferd droht, zum Problempferd zu werden. Spätestens jetzt ist es Zeit, sich professionelle Hilfe bei einem erfahrenen Ausbilder mit Einfühlungsvermögen und ohne »Haudrauf-Methoden« zu suchen!

Wenn etwas nicht funktioniert, muss man etwas ändern, einen neuen Weg versuchen und sich notfalls Hilfe holen.

Machen Sie sich einen Trainingsplan!

Setzen Sie sich ein langfristiges Trainingsziel, zum Beispiel: »Mein Pferd soll lernen, sich willig und ruhig an eine Aufstiegshilfe heranparken zu lassen und geduldig stehenbleiben, bis ich aufgesessen bin und die Hilfe zum losgehen gebe.«
Nun machen Sie sich einen Plan, wie Sie dieses Ziel systematisch Schritt für Schritt erreichen möchten. Manchen Menschen hilft das Aufschreiben der Teilschritte, auch Meilensteine genannt, die einzeln geübt werden. Das ergibt eine auf einander aufbauende Übungsreihe:

In unserem Beispiel:

- Das Pferd soll sich auf Antippen mit der Gerte in einzelnen Schritten beliebig vorwärts, seitwärts und rückwärts schicken lassen.
- Es hat keine Angst vor sämtlichen Arten von Aufstiegshilfen, Hockern, Hindernisblöcken, Sitzbänken, liegenden Baumstämmen oder Mäuerchen im Gelände und lässt entspannt ganz nah heran rangieren.

- Es kennt den Sattel und trägt ihn gelassen und angstfrei.
- Es bleibt geduldig und entspannt solange wie gewünscht stehen und lässt den Reiter nachgurten, Steigbügel einstellen usw.
- Es lässt den Reiter aufsitzen und kann ihn im Stand ausbalancieren.
- Beim und nach dem Aufsitzen wartet es weiterhin geduldig und geht erst auf Kommando los.

Haben Sie das Ziel vor Augen, stellen Sie sich die erforderlichen Vorübungen, den Bewegungsablauf und die notwendigen Hilfen möglichst realistisch vor. Zerlegen Sie die Zwischenziele, falls nötig, in noch kleinere Teile, die kleinschrittig gelobt und belohnt werden. Dieses mentale Training zusammen mit der festen Überzeugung: »Wir schaffen das!« ersetzt negative durch positive Gedanken und verhilft Ihnen zu mehr Erfolgserlebnissen.

Beim Aufsitzen ist ein geduldig wartendes Pferd gefragt.

Trainingstagebuch

Irgendwie haben Sie das unangenehme Gefühl, Ihr Pferd macht keine oder nur ganz langsame Fortschritte. In der Ausbildung geht es immer wieder zwei Schritte vor und einen Schritt zurück. Korrektes Angaloppieren klappt überhaupt nicht mehr und im Gelände ist es schreckhafter als vor drei Monaten. Gegen diese Art Frust beim Training hilft es wirklich, sich Notizen im Kalender zu machen oder sogar ein Tagebuch zu schreiben. Für die reine Information reichen kurze, stichwortartige Eintragungen. Wer Spaß daran hat, schreibt mehr und freut sich vielleicht später darüber.

Lief es heute im Training mal wieder richtig mies, blättert man einfach ein paar Monate zurück und schaut, mit was für einfachen Dingen man damals

Ein paar Monate später kann alles schon ganz anders aussehen

noch zu kämpfen hatte. Dann geht es morgen oder übermorgen frisch motiviert weiter.
Im Zeitalter der Smartphones ist auch eine Fotodokumentation schnell gemacht. Wie sieht die Figur und die Muskulatur des Pferdes aus, was haben wir gerade geübt und wie läuft es unter dem Reiter im Trab oder im Galopp? Besonders aufschlussreich sind Vergleichsfotos und Videos der gleichen Übung im Abstand von ein paar Monaten.

Eifersucht bei Pferden

Als ich Lavena zweijährig bekam, war meine Sída 24 Jahre alt und noch richtig fit. Vor meinem inneren Auge hatte ich mir unser zukünftiges Leben zu dritt so schön ausgemalt: Dieses Bild, wie ich mit meinen beiden Ponys harmonisch in den Sonnenuntergang reite. Zu Beginn auf dem jetzigen Reitpferd mit dem Nachwuchs an der Hand, in ein paar Jahren andersherum auf dem nun super ausgebildeten kraftstrotzenden Jungpferd und der glückliche Senior tappt zufrieden mit.
Tja, es kommt immer anders als man denkt! Meine Sída war 16 Jahre lang das vielbeachtete »Einzelkind« gewesen. Durch ihr Sommerekzem und ihre ängstliche Art hatte ich viel Zeit mit Pflege, Kraulen und Kratzen und ruhigem Zusammensein mit ihr verbracht. Nun kam der Jungspund dazu, die Arbeit rund um Stall und Weide wurde mehr. Die Zeit für Umgang, Training und Reiten musste plötzlich durch zwei geteilt werden.

Lavena war anfangs noch sehr scheu, Haarlinge und ein Sarkoid mussten behandelt, Halfter-Anziehen und Hufe-Geben geübt werden. Sída betrachtete meine Fürsorge für die Neue mit tieftraurigen bis missbilligenden Blicken. Nach ein paar Wochen versuchte sich Lavena dazwischenzudrängen, wenn ich mich um Sída kümmerte. Egal mit welchem meiner Ponys ich gerade beschäftigt war, dauernd hatte ich ein schlechtes Gewissen dem anderen gegenüber und war deshalb fahrig und unkonzentriert. So konnte das nicht weitergehen!

Wenn die Zeit knapp ist, kann eine Pflege- oder Reitbeteiligung für das brave ältere Pferd eine gute Lösung sein.

Auch hier hilft ein (Trainings)plan: Habe ich wenig Zeit, liegt der Schwerpunkt immer auf einem Pferd pro Tag. Das andere wird kurz begrüßt und dann konsequent ignoriert, während ich mich mit dem Schwerpunktpferd beschäftige. Das tue ich mit ganzem Herzen und voller Aufmerksamkeit. Wir haben keinen separaten Putzplatz, sondern machen die Pferde im Paddock zum Reiten fertig. Dabei hat es sich bewährt, das Pferd mit dem man sich gerade beschäftigt, mit einem mobilen Zaun abzutrennen. Beide haben das längst akzeptiert und bleiben entspannt, wenn sie gerade nicht dran sind.

Trotzdem bleibt eine gewisse Eifersucht. Bin ich mit beiden Pferden gemeinsam unterwegs, muss ich immer darauf achten, dass die längst ranghöhere Lavena die alte Sída nicht abdrängt oder zu beißen versucht. Handpferdereiten in beiden Kombinationen ist möglich, erfordert aber viel Konzentration und ist für mich sehr anstrengend. Beide Pferde möchten viel lieber meine ungeteilte Aufmerksamkeit. Und deshalb bekommen sie diese exklusive Zuwendung auch so oft wie möglich.

Ein anderes Problem, das ich immer wieder beobachte, ist der dauernde Vergleich zwischen dem alten und dem neuen Pferd. Besonders wenn das alte Pferd nicht mehr lebt oder nicht mehr reitbar ist, verklärt sich die Erinnerung an die gemeinsamen Erlebnisse und an das scheinbar unkomplizierte Verhalten des langjährigen Freizeitkumpels.

Eine Schülerin von mir hing noch sehr an ihrem verstorbenen Pferd und bei jeder Schwierigkeit mit dem manchmal schreckhaften Nachwuchspferd erwähnte sie: »XY hat das aber viel besser gemacht und hier nie gescheut und war dabei immer problemlos usw.« Wie unfair dem neuen Pferd gegenüber! Jedes Pferd ist eine Persönlichkeit und hat das Recht mit seinem eigenen Charakter wahrgenommen und wertgeschätzt zu werden. Ich bin überzeugt davon, Pferde spüren negative Gedanken, wie hier die Enttäuschung und das mangelnde Vertrauen. Nachdem ich sie öfter auf die guten Eigenschaften des Nachwuchses hingewiesen hatte, der sich wirklich Mühe gab, alles richtig zu machen, platzte mir schließlich der Kragen und mir rutschte heraus: »Wie würdest du das finden, wenn dein Mann dir laufend erzählt, seine Ex war besser im Bett?« Was für ein erschrockener Blick! Zum Glück hat mir die Schülerin diese freche Äußerung nicht verübelt und sich im Gegenteil die Aussage zu Herzen genommen. Wen wundert es, dass es in den nächsten Wochen »plötzlich« viel besser klappte mit dem Nachwuchspferd?

»Äpfeln im Laufen?«

Dieses Thema ist vielleicht ein bisschen peinlich – aber die meisten Pferde bleiben von sich aus zum Äpfeln stehen, auch während des Trainings. Zuhause und auf Kursen ist das normalerweise kein Problem. Spätestens, wenn man an einer Turnierprüfung oder einem sonstigen Wettbewerb teilnimmt, gibt es jedoch Punktabzug, wenn das Pferd, wie einst mein erstes Pony mit mir beim Reiterwettbewerb auf einem Dorfturnier im Galopp auf dem Zirkel, plötzlich eine Vollbremsung hinlegt und in aller Ruhe seine Äppel absetzt, während sich die Zuschauer auf der Tribüne vor Lachen kringeln. Im Gelände gibt es Situationen, in denen Stehenbleiben sogar gefährlich werden kann, zum Beispiel bei der Überquerung einer stark befahrenen Bundesstraße.

Weiterlaufen in allen Gangarten ist möglich und auch »natürlich« – der Evolution sei Dank: Wenn der Säbelzahntiger oder das Wolfsrudel kamen, wurden die Pferde als erste gefressen, die zuerst ihren Angstsch... im Stehen loswerden mussten und konnten sich somit auch nicht weitervermehren.

Pferde, denen das Stehenbleiben von Beginn an erlaubt wurde, später zum Weiterlaufen zu erziehen, ist sehr schwierig. Der Mensch sagte schließlich monate- oder jahrelang »ja« dazu, somit sieht das Pferd das Stehenbleiben zum Äppeln beim Führen oder Reiten als in Ordnung an. Deshalb sollten Sie schon bei Beginn der Ausbildung überlegen und entscheiden, ob Ihnen das Weiterlaufen wichtig ist.

Pferden fällt das unterschiedlich schwer oder leicht: Manche brauchen nur ein kleines Anstupsen um weiterzulaufen. Probieren Sie, das Pferd kurz mit der Gerte anzutippen, bevor es steht und kräftig drückt. Geht es dabei weiter, loben Sie es kräftig und wiederholen das jedes Mal konsequent, bis das Pferd verstanden hat.

Auf manchen Pferden könnte man gefühlt »die Gerte kaputt hauen« und hat trotzdem fast keine Chance. Bei solchen Pferden kann man sich langsam herantasten, indem man gegen Ende des Äppelns treibt, so dass es schon mit den letzten Äpfeln losgeht. Dann lobt man überschwänglich und versucht das langsam auszubauen, indem man immer früher nach loslaufen fragt.

Passen Sie auf, dass Sie nicht zu viel Druck machen: Sensibelchen trauen sich dann vielleicht gar nicht mehr zu äppeln und laufen die ganze Trainingseinheit klemmig.

Tschüs selbstbestimmte Extra-Pause

Manche der Pferde, die beim Äppeln stehenbleiben dürfen, haben es perfektioniert, vorher minutenlang herumzudrucksen, x-mal eine noch bessere Stelle oder eine bequemere Position zu suchen und sich so eine selbstbestimmte Pause zu verschaffen. Dagegen hilft die »Ebay-Regel«! Ich zähle langsam und laut: »3 – 2 – 1– sch...« oder es geht weiter! Notfalls treibe ich den Pausenfan etwas unsanft an, bis er losgeht.

Verlaufslob

Positive Verstärkung mit Lob und Leckerli ist ein wirksames Trainingsinstrument. Spätestens sobald mehr Bewegung ins Training kommt, zum Beispiel Antraben bei der Handarbeit, Longieren oder Reiten ist es Zeit zum Click oder gewohnten Lobwort ein sogenanntes »Verlaufslob« einzuführen, sonst macht das Pferd bei jedem Lob sofort erwartungsvoll eine Vollbremsung, um sich das Leckerli abzuholen.

Dieses Verlaufslob, das die Lektion nicht beenden soll, sondern dem Pferd nur sagt »Du bist auf dem richtigen Weg«, muss ein deutlich anders gesprochenes Wort als das normale Lobwort sein. Ist das Signal für »richtig, du bekommst gleich ein Leckerli« zum Beispiel ein kurzes »Gut« oder »Ja«, kann das Verlaufslob ein langgezogenes »Braaav« sein. Sagen Sie vorsichtshalber ein aufmunterndes »Weiter« dazu – ein sehr nützliches Kommando. Die meisten Pferde verstehen es ausgesprochen schnell (vermutlich, weil man sich selbst das Kommando zur weiteren Hilfengebung gibt). Ich benutze es zum Beispiel, wenn das Pferd im Galopp auszufallen droht. »Weiter« und ein leichtes Touchieren mit der Gerte. Lassen Sie anfangs auf die Stimme immer sofort Taten folgen. Nur dann lernt das Pferd, bald auf das Stimmkommando allein zu reagieren.

Danksagung

Mein besonderer Dank gilt auch bei diesem Buch allen Menschen und Pferden, die mich tatkräftig dabei unterstützt haben:
Meinem Mann Peter Buchwald für das Titelbild und die meisten der Fotos sowie seine liebevolle Unterstützung in jeder Lebenslage.

Den Fotografen (alphabetisch)
Cathrin Bertsch
Miriam Carbon
Patricia Christoph
Susanne Decker
André Fuchs
Eva-Lena von Gaggern
Nadine Hecht
Christoph Hisserich
Manuela Krimmer
Holger Lange
Yvonne Regler
Renate und Richard Steinhilber
Oliver Thiel
und einigen ungenannten
für zahlreiche weitere gelungene Fotos.

Nachwuchshoffnung Lavena, meiner wunderbaren Sída, meiner unvergessenen Sirky und allen Pferden, die mir so viel Freude geschenkt haben, besonders den Jungpferden, die mit mir gemeinsam vertrauensvoll neue Wege entdeckt haben.

Meinen Reitlehrerinnen Barbara Heilmeyer und Susanne Decker für ihre Geduld und alles, was ich von ihnen lernen durfte.

Den Akteuren (alphabetisch):
Susanne Decker mit Carasonne (Lipizzaner)
Barbara Heilmeyer mit Schaloun (Haflinger) und Max (Süddeutsches Kaltblut)
Daniela Hirschberger mit Aragon (Isländer)
Verena Hisserich mit Aragon
Eva Jänicke mit Max
Andrea Kling mit Ryan (Quarter Horse)
Ulrike Markert mit Quasam, Mashari und Muscat (alles Araber)
Yvonne Regler mit Skolli und Aragon (beides Isländer)
Nina Reiff mit Aragon
Renate Steinhilber mit Farida el Nur (Araber)
Tina Zeller mit Tahri (Lipizzaner/American Saddlebred) und Pajas (Pasomix)
Lavena (Exmoor Pony) und Sída (Isländer)
und einige andere

Urte Biallas
2020